铸造工艺设计

主　编　傅　骏（学校）

副主编　蒲宇捷（企业）　王　宁（企业）

参　编　蔺虹宾（学校）　周棣华（学校）

　　　　蒲正海（企业）　李　荣（企业）

　　　　衡洪亮（企业）　朱志兵（企业）

　　　　姚龙杰（企业）

主　审　郝文源（企业）

北京理工大学出版社
BEIJING INSTITUTE OF TECHNOLOGY PRESS

内容简介

本书紧紧围绕高素质技能人才培养目标，对接专业教学标准，选择企业真实产品案例，结合铸造生产过程中需要具备的基本知识和基本技能，以项目为纽带，以任务为载体，以工作过程为导向，精心组织教材内容，对教学内容进行模块化处理，注重课程之间的相互融通及理论与实践的有机衔接，开发工作页式的任务工单，形成多元多维、全时全程的评价体系，并基于互联网，融合现代信息技术，配套开发了丰富的数字化资源，编写了本活页式教材。

本书分为"课程认识""确定铸造工艺方案""设计铸造工艺参数""设计砂芯""设计浇注系统""设计冒口""设计冷铁"等7个模块。

本书以工作页式的任务工单为载体，强化学生自主学习与团队合作的能力，在课程革命、学生地位革命、教师角色革命和评价革命等方面进行全面改革。

本书可以作为高职高专院校、技术应用型本科院校的现代铸造技术、航空材料精密成型技术、材料成型与控制等相关专业（方向）的教学用书，也可作为企业技术人员的参考资料。

版权专有　侵权必究

图书在版编目（CIP）数据

铸造工艺设计 / 傅骏主编. -- 北京：北京理工大
学出版社，2025.1.
ISBN 978 - 7 - 5763 - 4756 - 2

Ⅰ．TG24

中国国家版本馆 CIP 数据核字第 2025SD5775 号

责任编辑：王梦春　　**文案编辑**：魏　笑
责任校对：周瑞红　　**责任印制**：李志强

出版发行 / 北京理工大学出版社有限责任公司
社　　址 / 北京市丰台区四合庄路 6 号
邮　　编 / 100070
电　　话 / （010）68914026（教材售后服务热线）
　　　　　　（010）63726648（课件资源服务热线）
网　　址 / http://www.bitpress.com.cn

版 印 次 / 2025 年 1 月第 1 版第 1 次印刷
印　　刷 / 三河市天利华印刷装订有限公司
开　　本 / 787 mm × 1092 mm　1/16
印　　张 / 13
字　　数 / 274 千字
定　　价 / 75.00 元

图书出现印装质量问题，请拨打售后服务热线，负责调换

前　言

本书贯彻落实《习近平新时代中国特色社会主义思想进课程教材指南》文件要求和党的二十大精神，聚焦制造强国战略，致力于为我国制造业培养更多高素质技术技能型人才。"铸造工艺设计"是高职高专院校、技术应用型本科院校的现代铸造技术、航空材料精密成型技术、材料成型与控制等相关专业（方向）学生的一门主干专业课程。为建设好本课程，编者团队认真研究了专业教学标准，在企业和毕业生中开展了广泛调研，提炼了从事铸造工艺设计需要具备的基本知识和基本技能，选取了企业真实生产案例，注重"以立德树人为根本、以学生为中心"，强调"知识、能力、思政目标并重"，编写了本活页式教材。

本书包括 7 个模块，分别是"课程认识""确定铸造工艺方案""设计铸造工艺参数""设计砂芯""设计浇注系统""设计冒口""设计冷铁"，这些模块覆盖了铸造工艺设计的必备知识和技能流程。本书还包括了融合现代信息技术开发的配套数字化资源。

每个模块由两个或多个任务组成。每个任务包括"任务描述""学习目标""知识链接""任务实施""任务评价与反思""知识拓展"等。"任务描述"是本任务的主要目标，通过"学习目标"下的"知识目标"和"能力目标"达成。全书的"知识链接"是一个有机的整体，涵盖了铸造工艺设计的基本知识和基本技术。"任务实施"分为"个人任务工单"和"团队任务工单"，"个人任务工单"侧重于基本知识、基本概念，"团队任务工单"偏重于基本技能及配套的扩展知识。"任务评价与反思"供学生对照"任务描述"和"学习目标"的完成情况，检查自己是否完成了学习目标。"知识拓展"的内容紧紧围绕着生产优质铸件时铸造工艺人员需要掌握的铸造标准和前沿技术，读者扫描二维码即可获得这些数字化资源。本书涉及的 GB、JB 等标准，要留意是否有更新的版本。

本书的编写、审核团队来自学校和企业，共 11 人。四川工程职业技术大学的傅骏教授任主编，四川海科机械制造有限公司的蒲宇捷、国家电投铝电公司的王宁高级工程师共同担任副主编。三位主编拟订了全书编写体系、人员分工，其中，傅骏主持、编写了全书各个模块。各位参编人员参与编写的情况分别为，四川海科机械制造有限公司的蒲正海总经理参与编写了"模块一 课程认识"；四川省铸造协会副理事长、四川海科机械制造有限公司的总经理助理蒲宇捷单独编写了"模块二 确定铸造工艺方案"、参与编写了"模块六 设计冒口"；四川工程职业技术大学的蔺虹宾老师、乐山市华太铸业有限责任公司的姚龙杰总经理参与编写了"模块三 设计铸造工艺参数"；中机中联工程有限公司的朱志兵高级工程师、四川帕瑞斯精密铸造有限公司的衡洪亮副总经理参与编写了"模块四 设计砂芯";国家电投铝电公司的王宁高级工程师参与编写了"模块五 设计浇注系统";四川海科机械制造有限公司的李荣工艺师、四川工程职业技术大学的周棣华老师参与编写了"模块七 设计冷铁";全书由傅骏和蒲宇捷统稿,由新兴铸管股份有限公司首席工程师郝文源主审。

本书的编写,得到了学校和学院的大力支持。冯鹏、戴旺、杨棋元等同学参与了企业案例的整理,魏灵玥、杨艳萍、曾欣雨、王艳秋、傅建程、尹媚、干嘉庆、汪顺山、吴亭佳、蒋岚等同学参与了全书图表的绘制和核对。

本书可以作为高职高专院校、技术应用型本科院校的现代铸造技术、航空材料精密成型技术、材料成型与控制等相关专业(方向)的教学用书,也可作为企业技术人员的参考资料。

由于铸造工艺设计需要的铸造知识广泛,各项技术也在不断发展,本书难免出现疏漏,请读者不吝指教。

傅 骏 蒲宇捷

目　录

模块一 课程认识

任务一 明确课程内容

大国工匠1

任务描述

掌握铸造和铸造工艺规程的概念。熟悉铸造工艺设计的流程。

学习目标

1. 知识目标

（1）掌握铸造的概念。

（2）掌握铸造工艺设计的主要内容。

2. 能力目标

（1）能说出铸造工艺设计的一般流程。

（2）能列出 2~3 个铸造工艺守则。

（3）能识读铸型装配图。

（4）能识读分型面、分模面、浇注系统的铸造工艺符号。

3. 素养目标

（1）培养认真细致、一丝不苟的工作作风。

（2）养成分析问题、解决问题的习惯。

知识链接

一、基本概念

铸造具有悠久的历史，是机械零部件成型的主要工艺方法之一。在现代工业体系中，铸造技术是现代装备制造业的共性技术之一，在先进制造技术中占有重要的地位。2022 年我国铸件总产量达到 5 695 万吨，占世界铸件总产量的 50% 左右，连续 23 年位居世界铸件生产第一大国。

根据 GB/T 5611—2017《铸造术语》的定义，"铸造"是熔炼金属，制造铸型（芯），并将熔融金属浇入铸型，凝固后获得具有一定形状、尺寸和性能的金属零件毛坯的成型方法。"铸造工艺"是指应用铸造相关理论和系统知识生产铸件的技术和方法，"铸造工艺设计"是根据铸造结构特点、技术要求、生产批量、生产条件等，确定铸造方案和工艺参数，绘制图样和标注符号、编制工艺和工艺规程等。

二、铸造工艺规程

本课程包括铸造工艺设计相关的理论、技术和方法。通过学习本课程，能够设计中等复杂程度零件的铸造工艺并给出正确的铸造工艺参数，具备识读与制订铸造工艺规程的能力，为实施现场工艺奠定理论基础和技术支撑。铸造工艺规程是铸造生产各环节的规范性文件，是用文字、表格和图纸说明铸造工艺的顺序、方法、工艺规范，以及所采用的材料和规格的技术文件。铸造工艺规程分为以下两类。

1. 铸造工艺守则

它是铸造车间的通用技术文件，又称铸造操作规程，不因铸件变换而变更。铸造工艺守则对工人共性的操作做了具体规定，一般以条款的形式呈现。例如，树脂砂混砂规则、中频感应炉安全规则、炉前化学成分炉前快速分析仪操作规程、行车工安全守则等。

2. 铸造工艺文件

铸造工艺文件常统称为"三图一卡"，即铸造工艺图、铸件图、铸型装配图和铸造工艺卡，显然它们是随具体铸件而改变的。

1）铸造工艺图

铸造工艺图表示铸型分型面、浇冒口系统、浇注位置、型芯结构尺寸、控制凝固措施（冷铁、保温衬板）等的图样。

2）铸件图

铸件图反映铸件实际形状、尺寸和技术要求，是铸造生产、铸件检验与验收的主要依据，又称毛坯图。铸件图根据已确定的铸造工艺方案，用图形、工艺符号和文字进行标注，内容包括机加工余量、不铸出的孔槽、铸件尺寸公差、加工基准、铸件金相等级、热处理规范、铸件验收技术条件等。

3）铸型装配图

铸型装配图是表示合型后铸型各组元的装配关系的工艺图。铸型装配图包括铸件浇注位置，型芯数量、固定方式、下芯和抽芯顺序，浇冒口系统和冷铁布置，以及砂箱结构和尺寸等。在铸型装配图上，只标注必要的装配尺寸。

4）铸造工艺卡

铸造工艺卡是铸造车间用于指导造型、制芯、浇注、清理操作及生产管理的工艺文件。铸造工艺卡没有固定的格式，由各企业自定。

铸造工艺卡的内容包括铸件材料与质量，造型、制芯方法与设备，砂箱、型砂、芯砂、涂料、模样的编号与数量，浇冒口系统的尺寸、面积和数量，合型规范、浇注规范、清理规范、工时定额等，一般附有合型装配简图或工艺简图。

三、JB/T 2435—2013《铸造工艺符号及表示方法》

在铸造工艺设计的"三图一卡"中，铸造工艺图具有最重要的地位，是任何铸件进行铸造生产必需的工艺文件。在单件小批生产的设计环节中，通常只设计铸造工艺图，用以指导后续全部生产环节。

铸造工艺图按 JB/T 2435—2013《铸造工艺符号及表示方法》规定的工艺符号或文字标注在零件图上，或另绘工艺图。JB/T 2435—2013《铸造工艺符号及表示方法》只列入了 24 种常用的工艺符号及表示方法，允许企业自行规定不常用的工艺符号及表示方法。值得注意的是，从 2013 版起，只允许用红蓝铅笔绘制铸造工艺符号，不再允许使用墨线、普通铅笔来绘制铸造工艺符号。

从上面的分析可知，"铸造工艺设计"包含了铸造工艺设计的基本知识和基本技术，是铸造专业方向的一门主干专业课程。本课程主要讲授确定铸造工艺方案、设计铸造工艺参数、设计砂芯、设计浇注系统、设计冒口、设计冷铁等，为铸造工艺设计提供基础理论保障；使学生具备审查零件铸造工艺性的能力、为中等复杂零件设计铸造工艺的能力、选取或计算铸造工艺参数的能力、制订铸造工艺规程的能力，以及生产现场组织实施铸造工艺的能力。本书的培养目标是围绕生产岗位的素质、知识和能力要求，强化学生的铸造工艺设计理论，同时使学生掌握铸造工艺设计的一般流程、铸造工艺参数的设计计算和选取、"三图一卡"的绘制和填写方法。

 **任务实施**

一、个人任务工单

1. 铸造工艺设计中的"三图一卡"是指什么？各自的主要内容有哪些？

2. 查询我国古代铸件、现代铸件，了解它们在历史上和现代生产生活中的重要作用。

3. 查询我国现代化铸造车间的视频，了解铸造生产的流程。

4. 思考如何学好本课程。

二、团队任务工单

1. 教师将学生分成几个小组，分别完成下面一个或几个题目，并组织讨论。

（1）查阅 GB/T 5611—2017《铸造术语》，重点是"2 基本术语"。

（2）查询、阅读中国铸造企业行业协会颁布的 T/CFA 0310021—2023《铸造企业规范条件》。

（3）查询《中华人民共和国职业分类大典（2022年版）》，了解"6－18－02－01铸造工"的主要工作任务及包含的工种。

2. 每一组推荐一名学生进行汇报，交流讨论，并再次总结自己的收获与经验。

任务评价与反思

序号	评价内容	分值	得分
1	能够正确说出铸造的概念	10	
2	能够完整、准确描述铸造工艺设计的一般流程	15	
3	能够准确说出"砂型铸造""铸件""铸型""铸造工艺""铸造设备"的概念	30	
4	能够准确说出"三图一卡"及其主要内容	30	
5	能够识读3个铸造工艺符号	15	
合计		100	

出现的问题	解决措施

知识拓展

1. GB/T 5611—2017《铸造术语》

GB/T 5611—2017《铸造术语》规定了铸造的基本术语、铸造合金熔炼及浇注、造型材料、铸造工艺设计及工艺装备、砂型铸造、特种铸造、铸件后处理和铸件质量等方面的术语和定义。

GB/T 5611—2017《铸造术语》

2. T/CFA 0310021—2023《铸造企业规范条件》

为加强铸造行业自律能力，维护公平有序的市场竞争环境，引导企业规范发展，促进行业产业结构调整、优化和转型升级，提升产品质量，推进节能减排，提高资源和能源利用水平，中国铸造行业协会制定了T/CFA 0310021—2023《铸造企业规范条件》。

该文件规定了铸造企业的建设条件与布局、企业规模、生产工艺、生产装备、质量控制、能源消耗、环境保护、安全生产及职业健康和监督管理，适用于 GB/T 4754—2017《国民经济行业分类》中 C3391 黑色金属铸造和 C3392 有色金属铸造行业（含主机厂内铸造车间）。

T/CFA 0310021—2023《铸造企业规范条件》

3.《中华人民共和国职业分类大典（2022 年版)》

《中华人民共和国职业分类大典（2022 年版)》，简称《分类大典》，是中华人民共和国人力资源和社会保障部会同国家市场监督管理总局、国家统计局编制发布的。《分类大典》根据"工作性质相似性为主、技能水平相似性为辅"的职业分类原则，确定了 4 个层次的职业分类结构，即大类、中类、小类和细类（职业)，每一大类的内容包括大类编码、大类名称、大类概述、所含中类的编码和名称；每一中类的内容包括中类编码、中类名称、中类简述、所含小类的编码和名称；每一小类的内容包括小类编码、小类名称和小类描述；每一细类（职业）的内容包括职业编码、职业名称、职业定义、职业描述及归入本职业的工种名称及编码等。

《中华人民共和国职业分类大典（2022 年版)》

任务二　课程地位与教学方法

任务描述

理解本课程与已学习的前序课程、平行课程的知识、能力的衔接和融通关系，以及对后续课程的支撑与融通关系。思考如何学好本课程，提高铸造工艺设计技术水平。

学习目标

1. 知识目标

（1）掌握本课程与前序课程的衔接和融通关系。
（2）掌握本课程与后续课程的衔接和融通关系。

2. 能力目标

（1）能够理解本课程与其他课程的衔接和融通关系。
（2）掌握本课程的学习方法。

3. 素养目标

（1）培养解决工程问题系统性分析和选取抉择的能力。

（2）具有社会责任感和工程职业道德。

知识链接

一、课程地位

本课程是现代铸造技术、航空材料精密成型、材料成型及控制技术等专业（方向）的一门主干专业课程，是学习"铸造工艺优化 CAE 分析技术"理论课程及完成铸造工艺毕业综合实践、铸造顶岗实习等实践课程的基础支撑，同时学习本课程时又要以"机械制图""金属学与热处理""铸件成型理论""造型材料"等前序课程为基础，所以本课程在专业人才培养课程体系中起到了将各专业基础课程和专业技术课程有机衔接的作用。

本课程的主要内容之一是零件图的铸造工艺性审查，想要学好本课程必须以立体几何和机械制图知识作为基础，明确投影关系，识读图形、尺寸和公差；铸件质量受浇注系统、冒口、冷铁的影响，与前面所学的金属材料、铸件成型理论密切相关；绘制铸造工艺图，需要有良好的空间想象能力和扎实的机械制图技术；在参与审核铸造工艺方案时，必须了解铸造生产的其他环节与车间技术力量；在进行铸造工艺 CAE 优化设计和组织现场工艺实施时，必须能够看懂铸造工艺图、识读铸造工艺卡。综上所述，本课程是铸造专业（方向）重要的主干专业课程，只有学好本课程才能保证本类专业培养目标的实现。

高等职业教育对于满足中国经济社会发展及社会对高端技术技能人才的需要起到了积极的促进作用。高等职业教育重在"德技兼修"，本课程从服务国家发展战略和满足经济与社会发展需要出发，结合岗位能力、知识、素质和技能要求，精心组织教学内容，以互联网为载体，融合现代信息技术，更新教学方法和教学手段。本课程的核心是一方面强调知识体系的完整性，同时兼顾与其他课程的有机衔接和融通，使学生在学完本课程后具备解决和分析生产实际问题的能力；另一方面强调理论与实践的相互联系和融通，做到理论知识能有效地指导实践，突出"应用"。

二、教学方法

1. 教师教学方法

由于本课程对理论和实践的要求很高，因此必须强化理论和实践的结合。校内理论课教师应具备丰富的铸造生产经验，充分利用行业、企业优势，大力推行"校企合作、产学研结合"的教学模式，引进校外企业教师参与理论课教学并实践指导，做到理论和实践并重，强化应用能力的培养。

（1）教师应坚持长期学习并进行铸造工艺设计技术的应用研究，把铸造工艺设计的新技术引入课堂，理论联系实际开展教学；按照课程质量标准，完善实践教学资源，开发多种教学手段。

（2）每个模块均以典型的生产实际案例为任务载体，系统地讲述相关理论知识，使学生能够应用所学知识分析并解决问题。

（3）教师在讲授铸造工艺基本原则时，需要从前序课程的基础知识和基本原理出发，讲清楚本课程的基本原则，不能泛泛而谈或只是让学生死记硬背。

（4）强化校企合作，加强调研，及时把企业先进技术引入课堂；力求做到所传授的知识成系统、实践应用能力训练成系统，并做到理论与实践的相互融通。

（5）在讲授过程中，教师应及时予以指导学生分组完成任务；充分利用本书中的二维码，改进教学方法和手段，让学生直观地学、有兴趣地学。

2. 学生学习方法

学生学完本课程后，能够根据铸件结构特点、技术要求、生产批量、生产条件等，确定铸造方案和工艺参数，绘制图样和标注符号、编制工艺规程等；能够应用所学知识从设计铸造工艺方案入手，控制和提高铸件质量；应具备分析和解决铸件生产过程中一般问题的能力。为此，学生可以从以下几方面入手。

（1）了解本课程的重要性；重视本课程，端正学习态度。

（2）深入校内实训车间、校外企业，全面了解企业生产过程，切实了解不同材质、不同结构、不同铸造方法的铸造工艺设计要点。

（3）强化理论学习、提升实践技能，完成课后的个人任务工单，逐步完成零件的铸造工艺设计任务。

（4）拓展相关知识。课后利用二维码所提供的资源信息，切实巩固、理解和掌握所必需的内容。

 任务实施

一、个人任务工单

1. 本课程的前序相关课程有哪些？分别阐述前序课程与本课程的衔接和融通关系。

_____

_____

2. 你了解哪些与本课程相关的平行课程？它们与本课程的关联性如何？

_____

_____

3. 你是否了解本课程相关的后续课程？查找"铸造工艺优化 CAE 分析技术"课程的主要内容。

_____

_____

二、团队任务工单

1. 教师将学生分成几个小组，分别完成下面一个或几个题目，并组织讨论。

（1）阅读 GB/T 5611—2017《铸造术语》，重点是"5.2　铸造工艺设计"。

（2）查阅 JB/T 2435—2013《铸造工艺符号及表示方法》。

（3）查阅 T/CFA 030501—2020《铸造企业生产能力核算方法》。

（4）探索：查阅铸造类的视频、招聘启事，思考我国铸造业对从业人员的知识和技能要求。

2. 每一组推荐一名学生进行汇报，交流讨论，并再次总结自己的收获与经验。

任务评价与反思

序号	评价内容	分值	得分
1	能够正确描述本课程与前序课程的衔接和融通关系	15	
2	能够正确描述本课程与后续课程的衔接和融通关系	15	
3	能够准确说出"铸造工艺优化 CAE 分析技术"课程的主要内容	10	
4	能够准确说出"铸造工艺设计""铸造工艺装备设计""铸件设计""浇注位置"的概念	40	
5	描述我国铸造业对从业人员的知识和技能要求	20	
合计		100	
出现的问题		解决措施	

知识拓展

1. "铸造工艺优化 CAE 分析技术"课程

铸造工艺优化 CAE 分析是指通过在虚拟条件下调整不同的铸造工艺参数，得出最优工艺方案，包括三维建模、前处理、后处理等步骤。通过读取温度场、流动场、应力场来判断铸造是否会产生缺陷。在此基础上，提出铸造工艺的完善措施。

"铸造工艺优化 CAE 分析技术"课程针对高中及以上文化程度、具备一定铸造生产经验的学生，通过学习三维造型技术、铸造工艺 CAE 运算技术与结果判断，使学生掌握铸造工艺 CAE 应用基本技术，具备利用铸造先进技术解决铸造生产实际问题的能力。

铸造工艺优化 CAE 分析技术

2. 铸造企业生产能力核算方法

企业生产能力是指企业依据 GB/T 51266—2017《机械工厂年时基数设计标准》给

定的年时基数年度生产铸件的最大产出量，工序生产能力是熔炼（化）、造型、砂处理等工序年度生产铸件的最大产出量。为了客观、真实地反映行业生产能力现状，科学、准确地核算铸造企业生产能力，中国铸造行业协会制定了 T/CFA 030501—2020《铸造企业生产能力核算方法》，规定了铸造企业生产能力核算的术语和定义、核算原则、核算项目、核算方法。

T/CFA 030501—2020《铸造企业生产能力核算方法》

任务三　分析工艺设计任务

 任务描述

　　某铸造厂承接图 1–1 所示阀壳的铸造生产任务，年产 500 吨，材质为 HT250，采用砂型铸造、机器生产。要求阅读客户订货信息，识读图纸，明确工艺设计任务。

 **学习目标**

1. 知识目标

（1）能够识读图纸提供的产品信息。
（2）能够识读技术要求、客户订货信息。

2. 能力目标

（1）具备根据图纸识读铸件重要面的能力。
（2）具备根据图纸和技术要求，明确工艺设计任务的能力。

3. 素养目标

（1）具备结合铸造专业特性开展工艺设计的能力。
（2）能够在工艺设计过程中综合考虑社会、健康、安全、法律、文化、伦理、政策、环境和持续发展等制约因素的影响。

 知识链接

　　铸造工作者设计铸造工艺的依据都要来源于图纸和订货信息。

一、客户订单

　　确定客户提供的资料是否齐全，包括客户订货的数量、质量、进度及提供的产品图样、技术标准、法律和法规要求、安全环保要求、客户和图纸上的特殊要求。

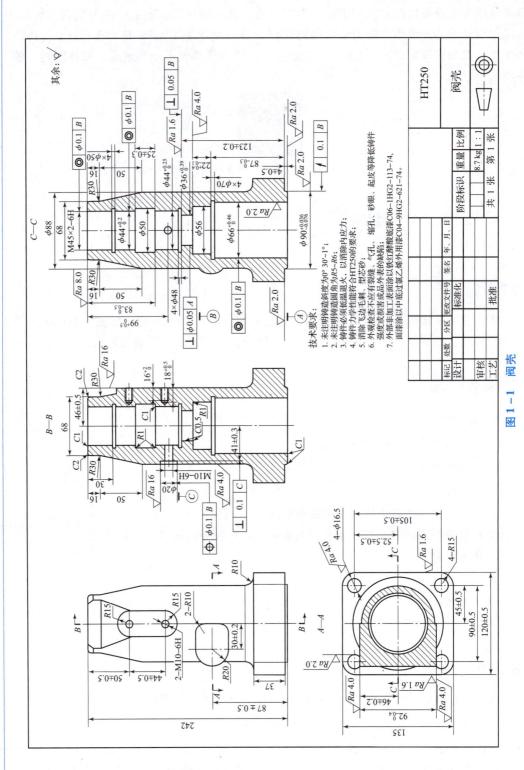

图 1-1　阀壳

要高度重视用户的订货信息。订货信息通常包括数量和交货条件。有时，用户还会额外提出生产方法、过程参数、化学成分检验、试样要求等。

生产任务只能来源于图纸和订货信息。如果在现场见过或者通过网络收集到该铸件在主机上的安装位置，就想当然地列出该铸件的工作条件，自作主张地认为铸件哪些部位是重要面、哪些部位不重要，这是非常不恰当的。

二、设计依据

图纸中的信息包括标题栏、图形和标注、技术要求。

1. 标题栏、图形和标注

标题栏的重要信息包括零件名称、材质，有的标题栏还有质量等信息。对于图形要仔细阅读，理解清楚图形本身的尺寸和位置要求。标注包括尺寸标注、基准面、表面粗糙度值、形位公差等信息。通过图纸，可以了解零件的形状、表面组成、质量、壁厚、连接与过渡等，尤其是零件的重要面与非重要面、机加工面与非机加工面等。

2. 技术要求

图纸中的技术要求，通常包含热处理、承压试验、允许存在的缺陷类型等信息。任何补充要求都要以图形、文字的形式明确列出。

三、阀壳的工艺设计

1. 生产任务

从图 1-1 可以读出，阀壳的技术要求如下。

（1）未注明铸造斜度为 $0°30' \sim 1°$。

（2）未注明铸造圆角为 $R5 \sim R6$。

（3）铸件必须低温退火，以消除内应力。

（4）铸件力学性能符合 HT250 的要求。

（5）消除飞边毛刺、型芯砂。

（6）外观检查不应有裂缝、气孔、缩孔、砂眼、起皮等降低铸件强度或损害成品外表的缺陷。

（7）外部非加工表面涂以铁红醇酸底漆 C06-1HG2-113-74，面漆涂以中底过氯乙烯外用漆 C04-9HG2-621-74。

图 1-2 是根据图 1-1 的二维图纸绘制的阀壳三维图形（忽略了部分细节）。

图 1-2　阀壳三维图形

2. 零件形状与尺寸

为了便于描述，将阀壳放置为如图 1-3 所示的方向，小端朝上、大端在下，分别标注了 A、B、C 三个位置。

图 1-3　阀壳三维结构实体图

由图 1-3 可知，阀壳为一中空、上小下大的圆柱体，零件外形尺寸为 135 mm × 120 mm × 242 mm，上部位置 A 处有凸台，另一侧稍往下位置 C 处有小凸台，腰部位置 B 处有横向圆柱体，下部位置为长方体。主要的形状与尺寸如下。

(1) 外形上，从上往下，分别为 ϕ68 mm、ϕ88 mm。下部的长方体为 135 mm × 120 mm × 37 mm，最下方为高 4 mm 的突起。

(2) 内部空腔，为孔或螺纹。从上往下，直径及其高度分别为 M45 mm × 30 mm、ϕ50 mm × 4 mm、ϕ44 mm × 24 mm、ϕ50 mm × 25 mm、ϕ44 mm × 28 mm、ϕ48 mm × 4 mm、ϕ36 mm × 14 mm、ϕ56 mm × 22 mm、ϕ70 mm × 4 mm、ϕ66 mm × 87 mm 等。

(3) A 处，外形尺寸为中心相距 44 mm 的两处 R15 mm 凸台通过相切连接。R15 mm 圆心同心处为 M10 mm × 18 mm 的螺纹孔。

(4) B 处，圆柱体外径为 ϕ40 mm。

(5) C 处，为 ϕ30 mm 凸台，有 ϕ20 mm × 3 mm 的孔，其同心孔为 M10 mm 的螺纹孔，与内径 ϕ44 mm 的孔相交。

(6) 零件底部长方体有 4 个 ϕ16.5 mm 的通孔。

3. 重要面

零件的重要面为 Ra 值较小的面、基准面等。

从零件图标注中可以看出，铸件端面与内表面均标注表面粗糙度 Ra 值，由 Ra 值可知，重要面为从上到下的内腔孔、上下端面。

底部端面为基准 A，孔 ϕ36 mm 的内表面为基准 B、C 处 ϕ20 mm 的孔内表面为基准 C，零件多处与基准存在联系，在铸造时，应优先保证内腔孔质量。

4. 力学性能和化学成分

GB/T 9439—2023《灰铸铁件》规定的 HT250 力学性能见表 1-1。

表 1－1　HT250 力学性能

力学性能	抗拉强度 R_m/MPa	屈服强度 R_p（0.1%）/MPa	抗弯强度/MPa	抗剪强度/MPa
指标值	250～350	165～228	415～580	290

　　GB/T 9439—2023《灰铸铁件》中"5　生产方法和化学成分"规定"灰铸铁件的生产方法和化学成分由供方自行确定，化学成分不作为铸件验收的依据，但化学成分的选取应保证铸件的力学性能和金相组织"。行业中常用的 HT250 的化学成分如表1－2所示。

表 1－2　HT250 化学成分

类别	C	Si	Mn	S	P
质量分数/%	3.16～3.30	1.79～1.93	0.89～1.04	0.094～0.125	0.120～0.170

5. 热处理要求

　　灰铸铁的显微组织中的石墨为片状石墨，基体组织为珠光体，某些低牌号的灰铸铁基体中存在铁素体。一般情况下，灰铸铁不需要进行热处理，但有时需要进行去应力热处理以保证铸件的尺寸稳定性。铸造过程中总是存在应力，"去应力退火"是指为去除工件塑性变形加工、切削加工或焊接造成的内应力及铸件内存在的残余应力而进行的退火。

　　T/CFA 010602.2.01《铸铁　第 1 部分：材料和性能设计》规定，"对灰铸铁件可以根据需要通过热处理，对铸件进行补救或改善铸件性能"。该标准推荐的灰铸铁退火工艺参数如表1－3所示。

表 1－3　灰铸铁退火工艺参数

序号	热处理工艺	温度	保温时间 *	冷却
1	去应力退火	550 ℃	1 h + 1 h/25 mm 铸件壁厚	炉内缓冷至 200 ℃以下

　*保温时间取决于铸件尺寸及铸件堆积密度。表中的保温时间仅适用于每一炉次处理一个或少量铸件的情况；当一炉次处理大量堆积的小铸件时，保温开始时间必须是所有铸件已加热至所规定的温度。

 **任务实施**

一、个人任务工单

1. 设计铸造工艺时，从用户的图纸中可以获取哪些信息？

_____

_____

_____

2. 阅读国家标准 GB/T 9439—2023《灰铸铁件》。

_____

_____

_____

3. 查阅 GB/T 7232—2012《金属热处理工艺术语》。

_____

_____

_____

_____

二、团队任务工单

1. 教师将学生分成几个小组，分别完成下面一个或几个题目，并组织讨论。

（1）阅读国家标准 GB/T28617—2012《绿色制造通用技术导则　铸造》。

（2）阅读国家标准 GB 39726—2020《铸造工业大气污染物排放标准》。

（3）阅读国家标准 GB/T 5612—2008《铸铁牌号表示方法》。

2. 每一组推荐一名学生进行汇报，交流讨论，并再次总结自己的收获与经验。

任务评价与反思

序号	评价内容	分值	得分
1	能够识读零件图（教师提供）上的重要面、主要尺寸	20	
2	能够指出零件（教师提供图纸）的力学性能和化学成分	20	
3	能够绘制零件的三维图	30	
4	能够正确说出灰铸铁的8个牌号及其力学性能指标、化学成分验收规定	20	
5	能够准确说出"退火""正火""淬火""回火"的概念	10	
合计		100	
出现的问题		解决措施	

1. 灰铸铁件

灰铸铁是碳以片状石墨形式析出的铸铁，断口呈灰色。GB/T 9439—2023《灰铸铁件》规定了灰铸铁的牌号、生产方法和化学成分、技术要求、试样制备、试验方法、检验规则及标识、质量证明书、防护、包装和贮运。

GB/T 9439—2023《灰铸铁件》适用于砂型或导热性与砂型相当的铸型中铸造的普通灰铸铁件，使用其他铸型铸造的灰铸铁件可参考使用。

GB/T 9439—2023《灰铸铁件》

2. 金属热处理工艺术语

热处理是指采用适当的方式对金属材料或工件进行加热、保温和冷却，以获得预期的组织结构与性能的工艺。GB/T 7232—2012《金属热处理工艺术语》规定了金属热处理工艺主要术语的中英文对照及其定义。

GB/T 7232—2012《金属热处理工艺术语》

3. 铸铁牌号表示方法

含碳量为 2.0%～4.5%，并含有硅、锰、磷、硫等元素的铁碳合金为铸铁。GB/T 5612—2008《铸铁牌号表示方法》规定了铸铁牌号用代号、化学元素符号、名义含量及力学性能的表示方法。

GB/T 5612—2008《铸铁牌号表示方法》

4. 铸造的绿色制造通用技术导则

为了贯彻实施《中华人民共和国环境保护法》《中华人民共和国清洁生产促进法》《中华人民共和国节约能源法》和《国家中长期科学和技术发展规划纲要（2006—2020年)》中提出的关于制造业领域"积极发展绿色制造"的发展思路，建立我国绿色制造技术标准体系，并为制造业中铸造企业实施绿色制造提供导向性的技术支持，实现优质高效、节能降耗、少无污染的现代铸造生产模式，制定了 GB/T 28617—2012《绿色制造通用技术导则铸造》。该标准规定了制造业铸件设计和生产过程宜采用的技术与工艺及适用范围、可被替代技术、注意事项等内容，适用于指导我国制造业铸件设计及生产企业（分厂、车间、工段）构建绿色制造生产模式、实现绿色制造，也可供铸造原辅材料、工艺装备生产企业参照执行。

GB/T 28617—2012《绿色制造通用技术导则 铸造》

5. 铸造工业大气污染物排放标准

铸造企业要贯彻《中华人民共和国环境保护法》《中华人民共和国大气污染防治法》，防治环境污染，改善环境质量，促进铸造工业技术进步和可持续发展。GB 39726—2020《铸造工业大气污染物排放标准》规定了铸造工业大气污染物排放控制要求、监测和监督管理要求。该标准适用于现有铸造工业企业或生产设施的大气污染物排放管理，以及铸造工业建设项目的环境影响评价、环境保护设施设计、竣工环境保护验收、排污许可证核发和投产后的大气污染物排放管理。

GB 39726—2020《铸造工业大气污染物排放标准》

模块二　确定铸造工艺方案

任务一　分析铸件质量对零件结构的要求

大国工匠2

任务描述

从铸件质量对零件结构的要求出发，审查阀壳的铸造结构工艺性。

学习目标

1. 知识目标

（1）掌握铸件质量对零件结构要求的意义。

（2）掌握审查铸件质量对零件结构要求的方法和步骤。

2. 能力目标

（1）能够识读零件图，确认零件的重要面。

（2）能够对零件图提出铸造结构工艺性的结论。

（3）能够对不合理的铸件结构提出改善建议。

3. 素养目标

（1）培养精益求精、专心细致的工作作风。

（2）培养降本增效的意识。

知识链接

铸件的生产，不仅需要采用合理的、先进的铸造工艺设备，还要求零件的设计结构适合铸造生产的要求。

在铸造生产中常会碰到铸件结构不合理的情况，给生产带来困难，甚至有的铸件很难铸出、保证不了铸件质量，增加了铸造生产成本。因此，铸造零件的设计结构除了应满足机器设备本身的使用性能和机械加工的要求外，还应该满足铸造工艺的要求。这种对于铸造生产而言的铸件结构的合理性（包括形状、尺寸或其各部分的相互位置），称为铸件的"铸造工艺性"。

铸件结构的铸造工艺性是否合理，与铸造合金的种类、产量的多少、铸造方法及生产条件等密切相关。在对零件进行铸造工艺性审查的过程中，发现不符合铸造工艺性的零件结构时，应及时与客户（设计部门）取得联系。从铸造角度，分析结构的优缺点，提出修改完善建议，由客户确定是否修改。客户不能修改零件结构时，铸造工作者要采取铸造工艺措施以保证铸件质量。铸造工作者切忌不通知客户、直接修改零件结构进行铸造生产。这也提醒机械零件设计人员，掌握一些铸造工艺基础知识。

一、铸件质量角度的零件结构要求

合理的零件结构可以消除许多铸造缺陷。为保证获得优质铸件，对零件结构的要求应考虑以下几个方面。

1. 铸件的最小壁厚

为保证金属液的充型能力，在设计铸件壁厚时，要考虑金属液的流动性和铸件的轮廓尺寸。在一定的铸造条件下，铸造合金液能充满铸型的最小厚度称为该铸造合金的最小壁厚。为了避免铸件的浇不到和冷隔等缺陷，应使铸件的设计壁厚不小于最小壁厚。

表2-1所示为砂型铸造铸铁件的最小壁厚。

表2-1 砂型铸造铸铁件的最小壁厚

铸铁种类	铸件最大轮廓尺寸对应的最小壁厚/mm					
	<200	200~400	400~800	800~1 250	1 250~2 000	>2 000
灰铸铁	3~4	4~5	5~6	6~8	8~10	10~12
孕育铸铁	5~6	6~8	8~10	10~12	12~16	16~20
球墨铸铁	3~4	4~8	8~10	10~12	—	—

表2-2所示为砂型铸造铸钢件的最小壁厚。

表2-2 砂型铸造铸钢件的最小壁厚

铸钢种类	铸件最大轮廓尺寸对应的最小壁厚/mm				
	<200	200~400	400~800	800~1 250	1 250~2 000
碳钢	8	9	11	14	16~18
低合金结构钢	8~9	9~10	12	16	20
高锰钢	8~9	10	12	16	20
不锈钢	8~10	10~12	12~16	16~20	20~25
耐热钢	8~10	10~12	12~16	16~20	20~25

表2-3所示为砂型铸造铝合金铸件的最小壁厚。

表2-3 砂型铸造铝合金铸件的最小壁厚

合金种类	铸件最大轮廓尺寸对应的最小壁厚/mm				
	<100	100~200	200~400	400~800	800~1 250
铝合金	3	4~5	5~6	6~8	8~12

2. 铸件的临界壁厚

在铸件结构设计时，为了充分发挥金属的潜力、节约金属，必须考虑铸造合金的力学性能对铸件壁厚的敏感性。厚铸件易产生缩孔、缩松、晶粒粗大、偏析和硬度偏高等缺陷，从而使铸件的力学性能下降。从这方面考虑，各种铸造合金都存在一个临界壁厚。铸件的壁厚超过临界壁厚以后，铸件的力学性能并不会按比例地随着铸件厚度的增加而增加，而是显著地下降。因此，铸件在结构设计时应科学地选择壁厚，以节约金属并减轻铸件质量。

砂型铸造各种铸造合金铸件的临界壁厚可按其最小壁厚的 3 倍来考虑。对于可锻铸铁件，为保证获得白口坯件，其壁厚不能过大。厚大的球墨铸铁件，易出现球化衰退现象，造成球化不良，使铸件的力学性能显著下降，因此球墨铸铁件的壁厚也不能过大。

表 2-4 所示为砂型铸造各种铸造合金铸件的临界壁厚经验值。

表 2-4　砂型铸造各种铸造合金铸件的临界壁厚

合金种类与牌号		铸件质量/mm		
		0.1~2.5 kg	2.5~10 kg	>10 kg
灰铸铁	HT100、HT150	8~10	10~15	20~25
	HT200、HT250	12~15	12~15	12~18
	HT300	12~18	15~18	25
	HT350	15~20	15~20	25
可锻铸铁	KTH300-06、KTH330-8	6~10	10~12	—
	KTH350-10、KTH370-12	6~10	10~12	—
球墨铸铁	QT400-15、QT450-10	10	15~20	50
	QT500-7、QT600-3	14~18	18~20	60
铸造碳钢	ZG200-400、ZG230-450	18	25	
	ZG270-500、ZG310-570、ZG340-640	15	20	
	铝合金	6~10	6~12	10~14
	镁合金	10~14	12~18	—
	锡青铜	—	6~8	—

上述推荐的临界壁厚值虽不相同，但可作为设计铸件壁厚时的参考。很显然，临界壁厚的数值对于设计薄壁铸件具有直接的参考价值。设计重型铸件时也可参考临界壁厚数值，从选择合理的断面结构形状着手，尽量避免过厚的断面。

综合考虑最小壁厚、临界壁厚，砂型铸造较大铸钢件的合理壁厚可参考表 2-5。

表2-5 砂型铸造铸钢件的合理壁厚

铸件轮廓的最大尺寸/mm	铸件轮廓的次大尺寸/mm						
	≤350	351~700	701~1 500	1 501~3 500	3 501~5 500	5 501~7 000	>7 000
1 500	15~20	20~25	25~30	—	—	—	—
1 501~3 500	20~25	25~30	30~35	35~40	—	—	—
3 501~5 500	25~30	30~35	35~40	40~45	45~50	—	—
5 501~7 000	—	35~40	40~45	45~50	50~55	55~60	—
>7 000	—	—	>50	>55	>60	>65	>70

注：1. 形状复杂的铸件及流动性较差的钢种，其合理壁厚可以适当增加，浇注时金属液温度较低。

2. 形状简单铸件的合理壁厚可以适当减少。

3. 铸件的内壁厚度

砂型铸造时，对于散热条件差的铸件内壁，即使其厚度与外壁厚度相等，但由于它比外壁的凝固速度慢，其力学性能往往比外壁的要低。同时，在铸造过程中易在内、外壁交接处产生热应力，致使铸件产生裂纹，凝固收缩大的铸造合金还易产生缩孔和缩松。因此，将铸件的内壁厚度设计得比外壁薄一些是合理的。

砂型铸造各种铸造合金件的内、外壁厚度相差值可参考表2-6。外壁的模数 M 一般应为内壁模数 M 的 1.1~1.4 倍。其中，模数又称换算厚度，M = 体积／表面积，模数越大则凝固时间越长。

表2-6 砂型铸造各种铸造合金件的内、外壁厚度相差值

合金种类	铸铁（%）	铸钢（%）	铸铝（%）	铸铜（%）
铸件内壁比外壁厚度应减少	10~20	20~30	10~20	15~20

注：铸件内腔尺寸大的取下限值。

4. 铸件壁的过渡和连接

一般情况下，铸件壁的断面尺寸不会完全相同，铸壁之间存在形式各异的接头。壁厚差别较大的两个铸壁在连接时，要采用渐变过渡，不要陡然变化壁厚。在三壁连接处，若接头的厚度大于与它连接的壁，则存在热节，会导致凝固速度慢，容易产生应力集中、裂纹、变形、缩孔、缩松等缺陷。

图2-1是铸件壁结构合理与不合理的对比图。

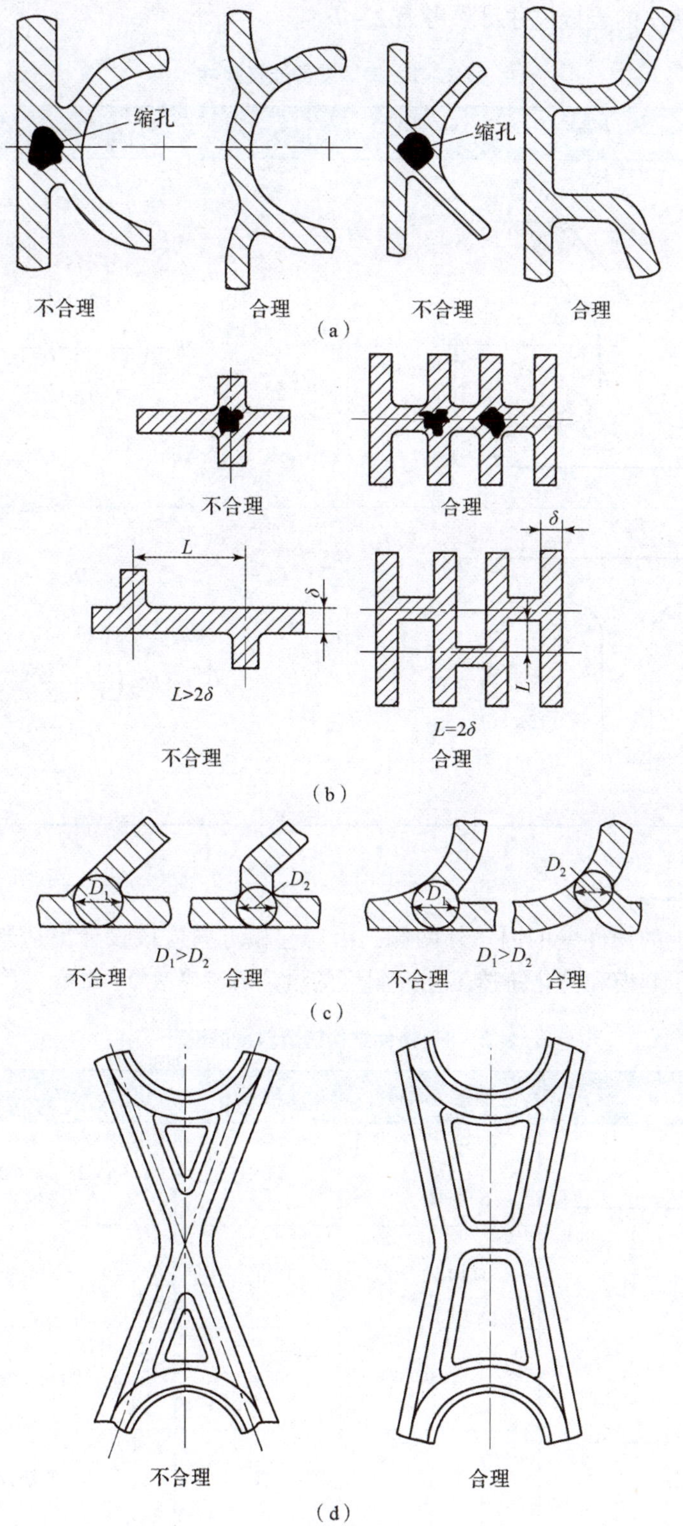

缩孔

不合理　　　　合理　　　　不合理　　　　合理

（a）

缩孔

不合理　　　　合理

L

δ

$L>2\delta$

δ

L

$L=2\delta$

不合理　　　　合理

（b）

D_1　　　D_2　　　D_1　　　D_2

$D_1>D_2$　　　　　　$D_1>D_2$

不合理　　合理　　不合理　　合理

（c）

不合理　　　　　　合理

（d）

图 2-1　铸件壁结构的合理与不合理

（a）K 形连接形式；（b）十字形连接形式；（c）Y 形连接形式；（d）X、Y 形连接形式推荐的铸造壁的连接尺寸可参考表 2-7。

表 2-7　铸造壁的连接尺寸

示意图	连接尺寸
	$\alpha < 75°$ $b \geqslant 1.25a$ $R = \left(\dfrac{1}{6} \sim \dfrac{1}{3}\right)\left(\dfrac{a+b}{2}\right)$ $R_1 \geqslant R + b$
	三壁相等时 $R \geqslant \left(\dfrac{1}{6} \sim \dfrac{1}{3}\right)a$

5. 铸造斜度

非加工面上的铸件壁的内、外两侧，沿着起模方向应该设计出适当的斜度，即结构斜度，以便于起模和简化铸造工艺。斜度的设计可参考表 2-8。

表 2-8　铸件结构铸造斜度的设计

简图	斜度（$a:h$）	角度 β	使用范围
	1:5	11°30′	$h < 25$ mm 的铸钢和铸铁件
	1:10 ~ 1:20	5°30′~3°	$h = 25 \sim 500$ mm 的铸钢和铸铁件
	1:50	1°	$h > 500$ mm 的铸钢和铸铁件
	1:100	30′	非铁合金铸件

注：1. 当设计不同厚度铸件时，在转折点处的斜度最大可增加 30%~45%。

　　 2. 对于精度较高的机器，铸造斜度可适当减小。

6. 肋

为了增加铸件的力学性能、减轻铸件质量、消除铸件的缩孔并防止铸件产生裂纹、变形、夹砂等缺陷，在铸件结构设计中大量采用肋。在肋的设计中，应考虑其合理的位置、形状和尺寸。在满足铸件使用要求的条件下，应考虑其铸造工艺性。设计肋时，要尽量分散并减少热节点，避免多条肋互相交叉，肋与肋及肋与壁的连接处要有圆角，垂直于分型面的肋应有铸造斜度。

肋的布置要尽量避免肋与肋的十字形交叉。肋与壁相交时，如有必要，可在热节点处开孔，以防止缩松、裂纹，肋与肋的交叉布置合理与不合理，对比如图 2-2 所示。

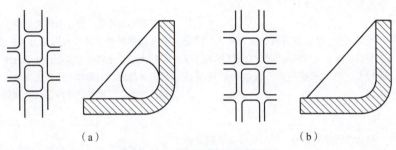

（a）　　　　　　　　　　（b）

图 2-2　肋与肋的交叉布置图

（a）合理；（b）不合理

肋的厚度应小于铸件的壁厚，铸件内腔中肋的厚度应小于铸件外肋的厚度。

7. 凸台

零件上的凸台在加工后，用于安装压力计、排气塞、油杯、测温计、安装螺栓等。在铸造时，这些凸台在铸件上造成金属局部堆积，在凸台内易形成缩孔、缩松，从而会降低铸件的质量。因此，在设计凸台时要选择正确的形状和尺寸。两个或多个凸台之间的中心距较小时，应将凸台连成一个整体，以便于铸造和切削加工。凸台与铸件垂直壁的距离较小时，为便于造型，避免浇注时金属液冲垮型砂，凸台应与垂直壁相连。

二、提高铸件质量的合理结构

铸件结构应根据铸造合金凝固体收缩和线收缩特性、形状特点进行设计。

对于凝固收缩大，容易产生集中缩孔的合金，如铸钢、可锻铸铁、黄铜、无锡青铜、铝硅共晶合金等，常采用顺序凝固方式来设计铸件的壁厚。对于容易产生缩松的合金，且采用冒口补缩效果不大的锡青铜、磷青铜，在设计铸件壁厚时常采用同时凝固方式以使缩松更分散一些。对于收缩较小的合金，如灰铸铁等，更倾向于采用同时凝固方式来设计铸件的壁厚。

对于一些结构复杂的大型铸件，可根据对其不同部位的质量要求，分别按顺序或同时凝固的方式进行设计，这样容易保证铸件质量。对于复杂的大型铸钢件，为保证其质量，可采用铸焊结构。

表 2-9 所示为常用铸造合金性能及其铸件结构特点。在铸件结构设计时应采用合理的结构和工艺措施以保证铸件质量。

表 2 – 9　常用铸造合金性能及其铸件结构特点

合金种类	性能特点	结构特点
灰铸铁件	流动性好，体收缩和线收缩小，缺口敏感性小。综合力学性能低，抗压强度比抗拉强度高 3 ~ 4 倍。吸振性好，比钢约大 10 倍。弹性模量较低	可设计薄壁（但不能太薄，以防止产生白口）、形状复杂的铸件。铸件残留应力小，吸振性好。不宜设计很厚的大铸件，常采用非对称断面，以充分利用其抗压强度
球墨铸铁件	流动性和线收缩与灰铸铁相近，体收缩及形成内应力倾向较灰铸铁大，易产生缩松和裂纹。强度、塑性、弹性模量均比灰铸铁大，抗磨性好，吸振性比灰铸铁差	一般设计成均匀壁厚，尽量避免厚实断面。对某些厚且大断面的铸件可采用空心结构或带加强肋的结构
铸钢件	流动性差，体收缩和线收缩都较大。综合力学性能高，抗压强度和抗拉强度相等。吸振性差，缺口敏感性大。低碳钢的焊接性能好	铸件的最小壁厚要比灰铸铁的厚，不宜设计结构复杂的铸件。铸件的内应力大，易弯曲变形。结构上应尽量减少热节点，并创造顺序凝固的条件。连接壁的圆角和不同厚度壁的过渡段要比铸铁件的大。可将复杂的铸件设计成铸焊结构，以利于铸造生产
铝合金件	铸造性能类似铸钢，但相对力学性能随壁厚增加而下降更为显著	壁不能过厚，其余结构特点类似铸钢件

三、阀壳的铸造工艺性审查（一）

从铸件质量对零件结构的要求角度审查图 1 – 1 所示阀壳的结构。

1. 阀壳的壁厚

阀壳的轮廓尺寸为 120 mm × 120 mm × 242 mm，查表 2 – 1，最小壁厚不应小于 4 mm。阀壳的最小壁厚为 6 mm，满足最小壁厚要求。

已知零件的最小壁厚为 4 mm，则 3 倍最小壁厚为 12 mm。从图纸可知，零件的最大壁厚为 27 mm，高于临界壁厚 12 mm，必须在铸造生产中采取适当的工艺措施来保证铸件的局部质量。

2. 阀壳的过渡和连接

分析阀壳各处壁的连接与过渡，其在连接处均采用圆角过渡的形式，避免了应力集中。因此，阀壳零件满足铸造工艺性关于铸件壁的过渡和连接要求。

3. 阀壳的铸造斜度

阀壳外形大部分具有较大的斜度，起模方便。个别地方需要在确定铸造工艺时设计铸造斜度。

4. 凸台

阀壳上的凸台与本体采用了圆角连接，内部开设有孔使壁厚比较均匀，不易产生缩孔缩松缺陷。

综上所述，阀壳的结构总体上具备较好的铸造工艺性，个别细部结构需要在铸造工艺设计时采取工艺措施以确保其质量。

 **任务实施**

一、个人任务工单

1. 描述审查铸件结构铸造工艺性的要点。

_____

_____

_____

_____

2. 为什么要审查铸件"最小壁厚""临界壁厚"?

_____

_____

_____

3. 从灰铸铁的性能角度分析,灰铸铁应该具备怎样的结构,才满足"铸造工艺性"要求?

_____

_____

_____

4. 审查过程中,铸件具有不符合铸造工艺性要求的结构,应如何处理?

_____

_____

_____

二、团队任务工单

1. 教师将学生分成几个小组,分别完成下面一个或几个题目,并组织讨论。

(1) 查阅 JB/T 7528—1994《铸件质量评定方法》。

(2) 查阅 GB/T 25370—2020《铸造机械术语》、JB/T 3000—2006《铸造设备型号编制方法》,了解铸造设备的型号。

2. 每一组推荐一名学生进行汇报,交流讨论,并再次总结自己的收获与经验。

 任务评价与反思

序号	评价内容	分值	得分
1	能够描述零件结构对铸件质量的影响	10	
2	能够叙述如何合理确定铸件的壁厚	30	
3	能够从铸件壁的过渡和连接、铸造斜度、肋、凸台角度审核零件的铸造工艺性	30	

续表

序号	评价内容	分值	得分
4	能够叙述评定铸件质量等级时，抽样数量的规定	10	
5	能够叙述评定铸件质量等级时，"工艺文件及工艺纪律管理"的检查项目、检查方法	10	
6	能够叙述铸造设备分为哪10类及各类对应的代号	10	
合计		100	

出现的问题	解决措施

知识拓展

1. 铸件质量评定方法

铸件质量评定项目包括实物质量、技术管理和售后服务三部分。铸件实物质量主要分为外部质量和内部质量，外部质量包括表面粗糙度、尺寸公差、质量公差、表面缺陷及清理状态；内部质量包括力学性能、化学成分、金相组织、内部缺陷及耐压试验。除此以外的项目，还可以根据有关技术要求增加。技术管理主要包括工艺文件及工艺纪律管理、标准化及计量管理、检测能力及质量保证管理等。售后服务主要包括用户评价意见、售后服务、信息反馈及处理等。

JB/T 7528—1994《铸件质量评定方法》对采用砂型铸造、金属型铸造、低压铸造、压力铸造和熔模铸造等工艺方法生产的各种铸造金属及合金铸件质量进行评定，其方法参考 JB/JQ 82001—1990《铸件质量分等通则》。

2. 铸造机械

铸造机械包括砂处理设备、造型制芯设备、落砂除芯设备、清理设备、金属型铸造设备、熔模和消失模铸造设备、熔炼和浇注设备、运输定量及其他铸造相关设备等。

GB/T 25370—2020《铸造机械 术语》规定了常用术语和各类设备的定义，适用于铸造机械专业领域的标准制定、技术文件的编写和有关科技文献出版物等。JB/T 3000—2006《铸造设备型号编制方法》规定了通用、专用铸造设备型号的表示方法和统一名称及类、组、型（系列）的划分，适用于各类作为商品出售的铸造设备。

GB/T 25370—2020《铸造机械　术语》

任务二　分析铸造工艺对零件结构的要求

 任务描述

从铸造工艺对零件结构的要求出发，审查阀壳的铸造结构工艺性。

 学习目标

1. 知识目标

（1）掌握铸造工艺对零件结构要求的意义。

（2）掌握审查铸造工艺对零件结构要求的方法和步骤。

2. 能力目标

（1）能够从铸造工艺方面得出铸件结构是否合理的结论。

（2）能够对不合理的铸件结构提出改善建议。

3. 素养目标

（1）培养精益求精、专心细致的工作作风。

（2）培养降本增效的意识。

 知识链接

铸件的结构不仅应有利于保证铸件的质量，还应考虑模样制造、造型、制芯和清理等操作的方便，以利于简化制造工艺过程，稳定产品质量，提高生产率并降低成本。其基本要求如下。

一、铸造工艺角度的零件结构要求

1. 简化或减少分型面的铸件结构

对于图 2 - 3（a）所示的摇臂铸件，要用曲面分型进行生产，将结构改成如图2 - 3（b）所示的结构，则铸件的分型面为一个水平面，造型、合型均方便，也有利于机器造型。

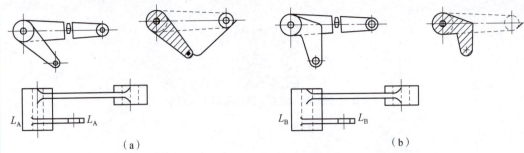

图 2-3　摇臂铸件的结构

（a）曲面分型的结构；（b）分型面为平面的结构

如图 2-4（a）所示，套筒的结构需用两个分型面铸造，若改成如图 2-4（b）所示的结构，则可将分型面减少为一个。

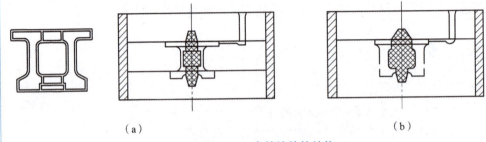

图 2-4　套筒铸件的结构

（a）两个分型面的结构；（b）一个分型面的结构

2. 减少砂芯数量的铸件结构

铸件的内腔一般用砂芯形成，这就需要增加制芯工时和工艺装备，会使铸型装配复杂化且会增加铸件的清理工作量，因此铸件的结构应尽量不用或少用砂芯。减少砂芯或芯盒数量的结构应用实例如表 2-10 所示。

表 2-10　减少砂芯或芯盒数量的结构

类型	不合理的结构	合理的结构
将砂芯形成的内腔改为由砂胎形成，减少砂芯		砂胎 下型
采用对称结构减少芯盒数量		

3. 方便起模的铸件结构

合理地设计凸台、肋、凹槽等，可以方便起模并减少砂型的损坏。表 2-11 所示为方便起模的铸件结构实例。

表 2-11 方便起模的铸件结构

一般规则	不合理的结构	合理的结构
与分型面垂直的铸壁，应有铸造斜度以方便起模		
凡能与分型面垂直的肋条，应与分型面垂直		

4. 有利于砂芯的固定和排气的铸件结构

为了保证铸件的尺寸精度，防止偏芯和气孔等铸造缺陷，铸件的结构应有利于砂芯固定和排气，同时应尽量避免悬臂砂芯、吊芯及使用芯撑的设计结构。如图 2-5（a）所示的铸件结构，改进设计后，如图 2.5（b）所示，有利于 2# 和 3# 芯的固定和排气。

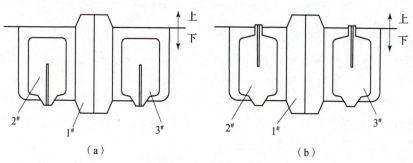

（a）　　　　　　　　　　（b）

图 2-5 有利于砂芯的固定和排气的铸件结构
（a）改进设计前；（b）改进设计后

如图2-6（a）所示的铸件结构，改进设计后，如图2.6（b）所示，将原用芯撑支持的悬臂芯变为芯头支持，使砂芯在砂型中稳固可靠，保证了铸件的尺寸精度，同时砂芯的排气性也得到了改善。

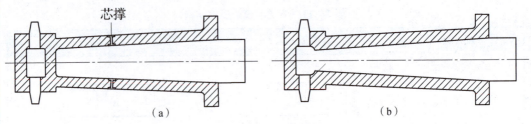

图2-6　有利于提高铸件尺寸精度的铸件结构

（a）改进设计前需用芯撑固定砂芯；（b）改进设计后保证铸件尺寸精度

5. 具有铸造工艺孔的铸件结构

具有封闭形状或半封闭形状内腔的铸件，应设计出铸造工艺孔。其作用是支持砂芯以形成内腔，便于砂芯排气，以及利于挂链、吊运和清砂等。

6. 有利于铸件清理的铸件结构

铸件的清理工作包括清砂、切割浇冒口、去除飞边毛刺、打磨修整、矫正变形和修补缺陷等。这部分的工作量很大，劳动条件差。因此，铸件的结构设计，应尽量为铸件的清理提供方便。减少铸件的分型面，设计出清砂孔、减少铸造应力和防止变形等铸件结构，均有利于铸件清理。

图2-7所示为汽轮机缸盖的结构对比图。

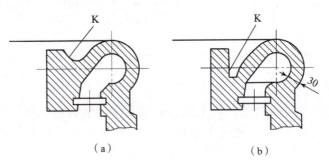

图2-7　汽轮机缸盖的结构

（a）合理结构（K部不易粘砂）；（b）不合理结构（K部易粘砂）

二、阀壳的铸造工艺性审查（二）

从铸造工艺性角度审查阀壳的结构，如图2-8所示，阀壳具备较平直的最大截面，零件趋于对称，B处圆锥台可对半分开，C处孔不铸出。铸件没有妨碍起模的结构。在设计铸造工艺时，阀壳采用一个分型面，造型、合模均比较方便。需要设计有一个形成内腔的砂芯，该砂芯形状简单，不需要芯撑。零件各处铸出后均方便清理。综上所述，阀壳具备良好的铸造工艺性。

图 2-8 阀壳的铸造工艺性审查（二）

任务实施

一、个人任务工单

1. 描述审查铸造工艺对铸件结构要求的要点。

_____

_____

_____

_____

2. 怎样的铸件结构，可以减少砂芯数量或芯盒数量？

_____

_____

_____

3. 从方便起模的角度看，铸件应该具备怎样的结构？

_____

_____

_____

4. 如何判断铸件结构是否有利于砂芯的固定和排气？

_____

_____

_____

_____

二、团队任务工单

1. 教师将学生分成几个小组，分别完成下面一个或几个题目，并组织讨论。

（1）查阅 T/CFA 0308054.1—2019《铸造绿色工厂　第 1 部分：通用要求》

（2）查阅 T/CFA 0308052—2019《铸造绿色工艺规划要求和评估　导则》。

2. 每一组推荐一名学生进行汇报，交流讨论，并再次总结自己的收获与经验。

任务评价与反思

序号	评价内容	分值	得分
1	能够描述零件结构对铸件质量的影响	10	
2	能够从铸造工艺对零件结构的要求角度审查零件的铸造工艺性	40	
3	对不合理的零件结构，可以提出改善结构的措施（征得用户同意）	20	
4	能够描述绿色工厂的基本要求	10	
5	能够描述绿色工厂的管理体系需要遵守的国家标准	10	
6	能够描述铸造绿色工艺规划的工作程序	10	
合计		100	

出现的问题	解决措施

知识拓展

铸造绿色工厂

现代制造业可持续发展的目标是使产品在其整个生命周期中，资源消耗极少，生态环境负面影响极小，人体健康与安全危害极小，并最终实现企业经济效益和社会效益的持续协调优化，因此提出了"绿色制造"的概念。铸造绿色工厂是指实现了用地集约化、原料无害化、生产洁净化、废物资源化和能源低碳化的铸造工厂。

T/CFA 0308054.1—2019《铸造绿色工厂 第1部分：通用要求》规定了铸造绿色工厂的总则、基础设施、管理体系、能源与资源投入、产品、环境排放和绩效，适用于绿色铸造工厂的规划、设计、建设和运行。T/CFA 0308052—2019《铸造绿色工艺规划要求和评估 导则》规定了铸造产品绿色制造工艺规划的总则、基本要求、总体框架、工作程序、总体要求和铸造工艺绿色评估等内容，适用于铸造产品绿色工艺规划，供现有工艺改造参考。

T/CFA 0308054.1—2019
《铸造绿色工厂 第1部分：通用要求》

T/CFA 0308052—2019
《铸造绿色工艺规划要求和评估 导则》

任务三　先期策划

任务描述

为铸造工艺设计，进行必要的先期策划。

学习目标

1. 知识目标

（1）掌握先期策划对铸造工艺设计的重要意义。
（2）掌握铸造工艺设计先期策划的方法和步骤。

2. 能力目标

（1）掌握铸造工艺设计先期策划的通用方法和步骤。
（2）能够对具体零件的铸造工艺进行恰当、合理的先期策划。
（3）能够根据铸造工艺设计过程中的反馈及时调整先期策划。

3. 素养目标

（1）具有较强的运用工程科学及系统思维的能力。
（2）具备解决工程问题的系统性分析和选取抉择能力。

知识链接

一、车间条件

1. 设备和工装

根据产品数量计算出生产纲领后，大量生产尽量采用专用设备和装备；成批生产一般采用通用设备和装备；单件小批量生产一般借用现有的设备和工艺装备。

根据铸件的年产量核对混砂机、造型机、熔炼炉、清理设备等的年生产能力。行车和熔炼炉限制了铸件的单件最大质量。根据砂铁比、砂箱质量估算铸型的总质量，确定行车是否满足要求。要结合铸件的机加工余量和尺寸公差，考虑车间跨度和大门尺寸，避免尺寸超标导致运输困难；要考虑清理设备、热处理设备能容纳的最大铸件尺寸。

2. 管理因素

采用不同的铸造工艺，对铸造车间或工厂的金属成本、熔炼金属量、能源消耗、铸件工艺出品率、工时费用、铸件成本和利润等都有显著影响。

3. 其他

车间生产工人的技术水平和生产经验、模具和原材料的供应情况等都影响铸件的生产策划。

二、铸造标准

标准（含标准样品）是指农业、工业、服务业，以及社会事业等领域需要统一的技术要求。制定标准的范围主要包括农业、工业、服务业和社会事业四大领域。

按照制定主体的不同，我国标准分为国家标准、行业标准、地方标准、团体标准和企业标准。其中，国家标准、行业标准和地方标准属于政府主导制定的标准，团体标准、企业标准属于市场自主制定的标准。国家标准由国务院标准化行政主管部门制定；行业标准由国务院有关行政主管部门制定；地方标准由省、自治区、直辖市，以及设区的市人民政府标准化行政主管部门制定；团体标准由依法成立的社会团体制定，由本团体成员约定采用或者按照本团体的规定供社会自愿采用；企业标准由企业根据需要自行制定或者与其他企业联合制定，供企业自用。

按照实施效力的不同，政府主导制定的标准分为强制性标准和推荐性标准。强制性标准是制定其他标准的底线，强制性标准必须执行；行业标准、地方标准是推荐性标准，国家鼓励采用推荐性标准。推荐性国家标准、行业标准、地方标准、团体标准和企业标准的技术要求不得低于强制性国家标准的相关技术要求。

中国机械行业学会铸造分会主管铸造行业的国家标准，中国铸造行业协会制定团体标准。铸造行业经常用到的标准还有 JB、HB、YB 等行业标准。

三、铸造企业规范条件

在设计铸造工艺时，要尽量减少固体、气体废弃物和有害气体的产生和排出：一要提高企业清洁生产等级；二要提高生产过程中的环境保护、安全生产和职业健康水平。

中国铸造协会发布的 T/CFA 0310021—2023《铸造企业规范条件》提出以下要求。

（1）企业应根据生产铸件的材质、品种、批量，合理选择低污染、低排放、低能耗、经济高效的铸造工艺。企业不应使用国家明令淘汰的生产工艺。不应采用粘土砂干型/芯、油砂制芯、七砂制型/芯等落后铸造工艺；粘土砂工艺批量生产铸件不应采用手工造型；水玻璃熔模精密铸造模壳硬化不应采用氯化铵硬化工艺；铝合金精炼不应采用六氯乙烷等有毒有害的精炼剂。

（2）新（改、扩）建粘土砂型铸造项目应采用自动化造型；新（改、扩）建熔模精密铸造项目不应采用水玻璃熔模精密铸造工艺。

（3）企业应建立能源管理制度，可按照 GB/T 23331 要求建立能源管理体系，通过认证并持续有效运行。新（改、扩）建铸造项目应开展节能评估和节能审查。

（4）企业大气污染物排放应符合 GB/T 39726 的要求。企业应配置完善的环保处理装置。废气、废水、噪声、工业固体废物等排放与处置措施应符合国家及地方环保法规和标准的规定。企业宜参照《重污染天气重点行业应急减排措施制定技术指南》的要求开展绩效分级管理，制定重污染天气应急减排措施。企业可按照 GB/T 24001 要求建立环境管理体系，通过认证并持续有效运行。

（5）企业应遵守国家安全生产相关法律法规和标准要求，建立健全安全设施并有效运行。企业宜参照铸造领域相关安全标准开展安全生产管理。

（6）企业可按照 GBT 45001 标准要求建立职业健康安全管理体系，通过认证并持续有效运行。

任务实施

一、个人任务工单

1. 设计铸造工艺时，要考虑铸造车间哪些条件？

_____

_____

_____

2. 阅读 GB/T 51266—2017《机械工厂年时基数设计标准》、国务院关于《全国年节及纪念日放假办法》及其修改的决定，了解各种工作性质、公称年时基数。

_____

_____

_____

3. 了解铸造车间如何区分生产批量：单件小批量、成批、大量。

_____

_____

_____

4. 了解铸造车间如何区分机械化智能化水平：手工、简单机械化、机械化、半自动化、自动化和智能化。

_____

_____

_____

5. 了解铸造车间的工作制：平行工作制、阶段工作制、混合工作制。

_____

_____

_____

二、团队任务工单

1. 教师将学生分成几个小组，分别完成下面一个或几个题目，并组织讨论。

（1）了解铸造企业要通过 T/CFA 0310021—2023《铸造企业规范条件》的认证需要满足的条件。

（2）中国铸造协会主导制定的团体标准代号是怎样规定的？

（3）铸造车间现场，各工位的职工可能患哪些职业病？如何防治？

（4）了解铸造企业遵守 GB/T 24001—2016《环境管理体系 要求及使用指南》的

相关规定。

（5）了解铸造企业遵守 GB/T 45001—2020《职业健康安全管理体系　要求及使用指南》的相关规定。

2. 每一组推荐一名学生进行汇报，交流讨论，并再次总结自己的收获与经验。

任务评价与反思

序号	评价内容	分值	得分
1	能够根据设备和工装进行先期策划	10	
2	能够针对具体的铸件，选择铸造生产过程中典型环节的铸造标准	30	
3	能够描述 T/CFA 0310021—2023《铸造企业规范条件》对铸造企业的规范条件	25	
4	能够列举铸造车间典型岗位容易患的职业病及其防治措施	15	
5	能够描述铸造企业遵守 GB/T 24001—2016《环境管理体系要求及使用指南》的运行环节内容	10	
6	能够描述铸造企业遵守 GB/T 45001—2020《职业健康安全管理体系　要求及使用指南》的运行环节内容	10	
	合计	100	

出现的问题	解决措施

知识拓展

1. 机械工厂年时基数

机械工厂年时基数是指工人或工艺设备在一年内工作的小时数。公称年时基数是指在规定的工作制度下，工人或工艺设备在一年内工作的小时数。设计年时基数是从公称年时基数中扣除公称年时基数损失后，工人或工艺设备在一年内工作的小时数。

GB/T 51266—2017《机械工厂年时基数设计标准》是为在机械工厂设计中合理地确定工艺设备和工人的数量而制定的，适用于机械工厂的新建、改建及扩建项目的设计。机械工厂生产车间或场所的工作环境分类，应符合标准附录 A 的规定。机械工厂设计除了应符合该标准外，还应符合国家现行有关标准的规定。

《全国年节及纪念日放假办法》的放假时长规定将部分影响机械工厂年时基数。

《全国年节及纪念日放假办法》

2. 环境管理体系

环境管理体系是组织内全面管理体系的组成部分，它包括制定、实施、实现、评审和保持环境方针所需的组织机构、规划活动、机构职责、惯例、程序、过程和资源，还包括组织的环境方针、目标和指标等管理方面的内容。GB/T 24001—2016《环境管理体系　要求及使用指南》规定了组织能够用于提升其环境绩效的环境管理体系要求。该标准可供寻求以系统的方式管理其环境责任的组织使用，从而为"环境支柱"的可持续性做出贡献。

该标准可以帮助组织获得其环境管理体系的预期结果，这些结果将为环境、组织自身和相关方带来价值。与组织的环境方针保持一致的环境管理体系预期结果包括提升环境绩效，履行合规义务，实现环境目标。

GB/T 24001—2016《环境管理体系　要求及使用指南》

3. 职业健康安全管理体系

对组织而言，采取有效的预防和保护措施以消除危险源，并最大限度地降低职业健康安全风险至关重要。

采用职业健康安全管理体系旨在使组织能够提供健康安全的工作场所，防止与工作相关的伤害和健康损害。

实施符合 GB/T 45001—2020《职业健康安全管理体系　要求及使用指南》的职业健康安全管理体系，可有助于组织满足法律法规要求和其他要求，使组织能有效管理其职业健康安全风险并提升其职业健康安全绩效。

GB/T 45001—2020《职业健康安全管理体系　要求及使用指南》

任务四　选择砂型铸造方法

任务描述

为阀壳确定砂型铸造方法。

学习目标

1. 知识目标

（1）掌握湿型砂手工生产的特点。

（2）掌握湿型砂机器生产的特点。

（3）掌握化学粘结剂砂造型和制芯的特点。

2. 能力目标

（1）能够根据铸件选择型砂和芯砂。

（2）能够根据铸件选择造型和制芯方法。

3. 素养目标

（1）培养精益求精、专心细致的工作作风。

（2）具有较强的运用工程科学及系统思维的能力。

（3）培养降本增效的意识。

知识链接

铸造生产中，砂型铸造应用最为广泛。世界各国用砂型生产的铸件占铸件总产量的80%以上。这是因为砂型铸造生产率高、成本低、灵活性大、适应面广，而且相对来说技术比较成熟。

一、湿型砂手工生产

手工造型制芯是由人工用造型工具来进行砂型和砂芯的制造。手工造型方法有很多，常用的造型方法有整模两箱造型、分模造型、挖砂造型、活块造型、刮板造型及三箱造型等。

1. 整模两箱造型

整模两箱造型的型腔全在一个砂箱里，能避免错箱等缺陷，铸件形状、尺寸精度较高。模样制造和造型都较简单，多用于最大断面在端部的、形状简单的铸件生产。

当零件的最大断面在端部，并选它作分型面时，可将模样做成整体的整模两箱造型。

2. 分模造型

分模造型中，两箱分模造型应用较广，一般先造下型、翻箱造上型、开箱起模、下芯、合箱、待浇。手工分模两箱造型时，易产生错箱缺陷，影响铸件尺寸精度和表面质量。

湿型砂两箱手工造型过程示意图如图2-9所示。

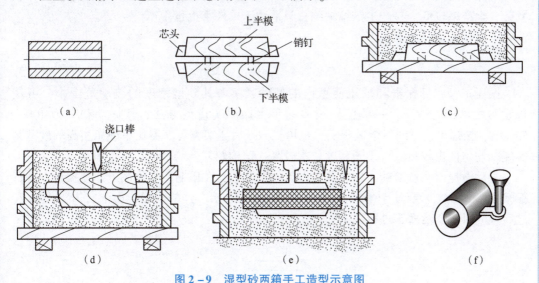

图2-9　湿型砂两箱手工造型示意图

(a) 零件；(b) 分模；(c) 造下砂型；(d) 造上砂型；

(e) 起模、下芯、合箱；(f) 铸件（带浇注系统）

当零件的最大断面在中部，并选它作分型面时，可将模样分开，选用两箱分模造型。

3. 挖砂造型

当铸件的最大断面不在端部，且模样又不便分成两半时，常采用挖砂造型。挖砂造型时，要将下砂型中阻碍起模的砂挖掉，以便起模。

由于要准确挖出分型面，对操作者技术水平要求较高，因此挖砂造型只适用于单件或小批量生产。

4. 活块造型

当铸件侧面有局部凸起阻碍起模时，可将此凸起部分做成能与模样本体分开的活块。起模时，先把模样主体起出，然后取出活块。活块造型时必须将活块下面的型砂捣实，以免起模时该部分型砂塌落，同时要避免活块部分撞砂太紧，从而造成起模困难。

活块造型主要用来生产单件或小批量、带有局部凸起部分的铸件。

5. 刮板造型

刮板造型是用与铸件断面形状相适应的刮板代替模样的造型方法。造型时，刮板绕固定轴回转，将型腔刮出。刮板造型分为普通刮板造型和车板造型。

刮板造型可节省制模工时及材料，但对操作技术的要求较高，生产率低，多用于单件或小批量生产较大型回转体铸件，如飞轮、圆环等。

6. 三箱造型

用三个砂箱制造铸型的过程称为三箱造型。三箱造型的特点是从两个方向分别起模，模样必须是分开的，以便于从中型内起出模样；中型上、下两面都是分型面；中箱高度应与中型的模样高度相同或相近。

铸件在两端断面尺寸大于中间断面时，一般采用三箱造型，三箱造型过程操作较复杂，生产率较低，易产生错箱缺陷，只适用于单件小批量生产。

二、湿型砂机器生产

1. 振压造型

振压造型，即振击和加压使型内的型砂紧实。其砂型密度的波动范围小，可获得紧实度较高的砂型，一般应用较多的是微振压实造型方法，其振动频率为 400 ~ 500 Hz，振幅小，可同时微振压实，也可先微振后压实，可获得比单纯压实高的砂型紧实度，均匀性也较高，可用于精度要求较高、结构较复杂铸件的成批大量生产。

气动微振压实造型的工作原理如图 2-10 所示，在压缩空气作用下，使振铁 1 进行振幅较小（几毫米至几十毫米）、频率较高（8~15 次/s）的微振，向上打击工作台 2，之后或同时压实活塞 5 进行压实。

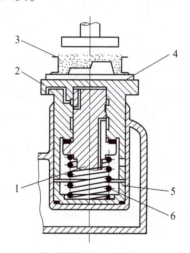

图 2-10　气动微振压实造型机的工作原理
1—振铁；2—工作台；3—砂箱；4—模板；5—活塞；6—弹簧

振压造型工作适应性强。根据铸件形状特点可选择不同的紧实方式：型腔深窄、砂型紧实度要求高时，采用预振加压振方式；型腔深窄、砂型紧实度要求不高时，采用预振加压实方式；型腔平坦时，采用压振方式以提高生产率；铸件不高、形状简单时，只用单纯压实方式以便消除振击噪声。

2. 高压造型

高压造型是指型砂借助压头或模样所传递的压力紧实成型的一种造型工艺。它以液压为动力，其压实比压超过 0.7 MPa，按工艺装备可分为有箱、脱箱和无箱三种类型。加砂可采用重力填砂方式，但更多的是用射砂或真空填砂方式进行充填及预紧实。重力填砂时通常配备多触头压头或成型压头，而射砂或真空填砂时则常配备平板压头。

高压造型铸件尺寸精度高，表面光洁，生产效率高，劳动条件好，且易实现自动化。同时，由于砂型紧实度高、强度大，砂型受振动或冲击而塌落的危险性小，因而可以降低铸造缺陷。对于较大的砂型，可以应用无箱带的砂箱，造型和落砂都十分方便。所以，高压造型目前应用很广泛，特别是成批和大量生产的铸造车间，多采用高压造型。

学习笔记

高压造型通常采用多触头高压造型机，以使砂型紧实度分布均匀。随着造型设备的不断发展，目前多触头的压力已可以根据不同铸件（或模样的不同部位）的要求进行调整，可以在同一砂型中得到不同的砂型紧实度。因此，其适应范围广，可以用于尺寸精度要求较高的、结构较复杂的铸件生产。

3. 射压造型

射压造型利用压缩空气将型砂以很高的速度射入砂箱，从而使其得到紧实。射压造型具有很多优点，紧实度分布均匀、工作无振动、无噪声、紧实速度快、机器结构比较简单等。射压造型也可以采用模板加压法或同时采用压板加压与模板加压（或称差动加压），以保证在模样复杂的情况下，砂型也能获得均匀的紧实度。射压造型在铸件尺寸精度要求不高、一般中小件的成批大量生产中获得了广泛的应用。其分为水平分型脱箱射压造型和垂直分型无箱射压造型。

水平分型脱箱射压造型可节省大量的砂箱及其运输装置，投资较少，生产率较高，工艺适应性广，下芯方便，可利用原有工艺和部分工装，因此有利于老车间的设备更新。该法尤其适用于大量、成批生产砂芯较多、形状复杂的中小型铸件。

垂直分型无箱射压造型中一块砂型两面成型，砂型厚度调节方便，既节省砂型，生产率又高，而且无需砂箱、压铁和套箱，生产线呈简单直线状，辅机少，自动化程度高，占地面积最小。但该法下芯的空间小、时间短（下芯超过 7~8 s 将严重降低造型生产率），不如水平分型时方便。因此，其最适用于无芯和少芯铸件的大批量生产。此外，铸造工艺与传统的水平分型工艺有较大差别。

4. 气流冲击造型

气流冲击造型利用具有一定压力的气体瞬时膨胀释放出来的冲击波作用在型砂上使其紧实，且由于型砂受到急速的冲击产生触变（瞬时液化），克服了黏土膜引起的阻力，提高了型砂的流动性，使其在冲击力和触变作用下迅速成型。其砂型特点是，紧实度均匀且分布合理，紧挨模样处的紧实度高于铸型背面。

气流冲击造型分低压气冲造型和高压气冲造型两种，前者应用较广。气流冲压造型的优点是，砂型紧实度高且分布合理，透气性好，铸件尺寸精度高，表面光洁，工作噪声低，粉尘少，生产率高，气压机结构简单，工作安全、可靠、方便；缺点是砂型最上部约 30 mm 的型砂达不到紧实要求，因此不适用于高度小于 150 mm 的矮砂箱造型，工装要求严格，砂箱强度要求高。

5. 静压造型

静压造型是在靠重力填入砂箱内的型砂上部通入具有一定压力的压缩空气，进行第一次紧实（静压过程），再进行压实紧实的造型方法。以静压、压实制成的铸型，从分型面到铸型的背面都具有很高的强度，同时根据模板形状和材料的不同，调整气流压力的大小，可获得良好的铸型特性。

目前，静压造型工艺可分为 4 个过程：①以自然落下的方法通过百叶窗式加砂斗，将一定量的型砂填入余砂框和砂箱内；②铸型上部瞬间导入定压的压缩空气流，进行第一次的静压（气流）紧实；③以多触头压实机再次进行压实紧实，使铸型的面部和背部都得到一定的强度，并尽可能缩小其强度差，保证铸型强度的均匀性；④起模。

三、化学粘结剂砂造型和制芯

1. 自硬砂工艺

自硬砂工艺是指常温下，将由原砂、化学粘结剂和固化剂等按一定比例混制而成的型砂填入砂箱或芯盒，经紧实后，使之在芯盒或砂箱中在一定时间内能自行硬化成型的一种造型、制芯工艺。

近几年得以较快发展的自硬砂主要有酸固化呋喃树脂自硬砂、酯硬化碱性酚醛树脂自硬砂、酚尿烷树脂自硬砂、酯硬化改性水玻璃自硬砂。自硬砂特别适合单件或小批量的铸铁、铸钢和非铁合金铸件的生产，在国内外的应用较为广泛。这几种常用的自硬砂工艺的优点主要有以下几点。

（1）树脂砂工艺与黏土砂相比，其铸件的尺寸精度可提高两级，表面粗糙度可降低 1~2 级，铸件废品率可减少一半，从而增加了企业产品在市场中的竞争力。

（2）型（芯）砂能常温自硬成型，节能节材，改善工人的作业条件。

（3）型（芯）砂在可使用时间内流动性好，能在较小的紧实力作用下，较好地充填形状复杂的铸型（芯）各个部位，明显减轻工人的劳动强度。

（4）芯砂的溃散性好，铸件落砂、清理容易。

（5）能明显提高车间的单位面积产量，降低车间空气中的粉尘含量。

酸固化呋喃树脂自硬砂采用呋喃树脂，加入量为原砂质量的 0.9%~1.2%，固化剂为对甲苯磺酸、二甲苯磺酸，加入量为树脂质量的 30%~50%，适用于单件、小批量生产中、大型铸铁件、铸钢件及非铁合金铸件。

酯硬化碱性酚醛树脂自硬砂采用碱性酚醛树脂，加入量为原砂质量的 1.5%~2.0%，固化剂为甘油醋酸酯，加入量为树脂质量的 30%~40%，适用于铸钢，特别是不锈钢件、球墨铸铁件及非铁合金铸件。

酚尿烷树脂自硬砂中酚醛树脂与聚异氰酸酯的比例为 1:1，总加入量为原砂质量的 1.5%，固化剂为有机胺，加入量为酚醛树脂质量的 0.7%~0.8%。其由于硬化速度快，生产率较高，可用于批量生产小型铸钢件及其他复杂的铸铁件。

酯硬化改性水玻璃自硬砂中水玻璃加入量为原砂质量的 2%~3%，固化剂为丙三醇醋酸酯、乙二醇醋酸酯、二甘醇醋酸酯和丙二醇碳酸酯等，加入量为水玻璃质量的 8%~12%，适用于铸钢件，特别是薄壁铸钢件，不易出现裂纹。

2. 气硬砂工艺

气硬砂工艺是型（芯）本体不需加热，仅在气体催化剂作用下迅速固化成型的一种造型、制芯工艺，主要有三乙胺冷芯盒树脂砂、CO_2 – 碱性酚醛树脂砂、CO_2 – 水玻璃砂、甲酸甲酯酚醛树脂砂等。

三乙胺冷芯盒树脂砂主要由硅砂、树脂和催化剂等组成。此法对硅砂要求十分严格，特别是要求其含水量要小于 0.2%（质量分数），含泥量要小于 0.3%（质量分数）。其所用的树脂由两个组分组成，组分 I 为苯醚型酚醛树脂，组分 II 为聚异氰酸酯。为了降低树脂对硅砂及环境湿度的敏感性和适用于低温浇注铝合金铸件的需要，近年来又开发了抗湿性树脂和铝合金专用树脂，催化剂为液态的三乙胺或二甲基乙胺。

为了能使其砂芯均匀硬化，液态三乙胺需要先雾化或汽化，再与惰性气体混合（常用氮气），吹入芯盒，使砂芯硬化。为了提高铸件的表面质量，减少粘砂缺陷，砂芯表面应刷一层涂料。可采用水基涂料，但必须待树脂完全硬化后再刷涂料，以防止明显降低砂芯强度。刷涂料后应及时烘干。三乙胺法的最大特点是硬化速度快，硬透性好，生产效率高；其次是芯盒不需要加热，劳动条件好，芯盒生产成本低，现已在批量生产各种复杂砂芯的汽车等行业广泛应用。

CO_2-碱性酚醛树脂砂具有较高的高温强度，并且在高温时显现出一定的塑性，即具有较强的抗开裂性和抗变形性，可以提高铸件的尺寸精度，改善铸件的表面粗糙度。从环保性角度来看，CO_2-碱性酚醛树脂不含氮、硫、磷，采用的固化剂是 CO_2 气体，有毒有害气体少，环境污染小，造型、制芯场所不需要昂贵的净化设备。从工艺性角度来讲，CO_2-碱性酚醛树脂吹气操作简单，吹气时间短，不存在过吹问题。采用这种粘结剂操作方便，可以使用普通混砂机混砂，制芯操作可以在普通吹芯机上进行，而且适用于手工制芯。

CO_2-水玻璃砂工艺操作简单，无毒无味，可造型、制芯，使用灵活。其主要缺点是浇注后型（芯）砂溃散性很差，铸件清砂困难，且水玻璃砂易于过吹，存放过程中容易吸湿，在表面形成白霜和粉化，表面安定性明显下降、旧砂再生非常困难。采用液体有机酯取代 CO_2 气体，可使水玻璃砂的强度提高30%以上、水玻璃加入的质量分数可降低到3.5%以下，明显改善了它的溃散性，使其旧砂再生回用成为可能。

甲酸甲酯酚醛树脂砂采用水溶性碱性酚醛树脂和挥发性甲酸甲酯气体通过型芯砂混合物，使之硬化。甲酸甲酯酚醛树脂砂不含 N 和 S 元素，能有效防止这些元素引起的铸件龟裂、热裂、渗碳、渗硫和气孔等缺陷。催化剂甲酸甲酯属于低毒产品，不需要尾气洗涤塔。甲酸甲酯酚醛树脂在加热时有短暂的热塑性阶段，从而产生二次交联，形成二次强度，因此能防止铸型热裂。

3. 热硬砂工艺

壳型覆膜砂，造型、制芯前在砂粒表面事先包覆一层固态热塑性酚醛树脂膜的型砂、芯砂，称为树脂覆膜砂。它最早是一种热固性酚醛树脂砂，其工艺过程是将粉状热固性酚醛树脂与原砂机械混合，加热时固化。现已发展成用热塑性酚醛树脂加潜伏性固化剂（如乌洛托品）与润滑剂（如硬脂酸钙），通过一定的覆膜工艺配制成树脂覆膜砂，树脂覆膜砂受热时包覆在砂粒表面的树脂熔融，在乌洛托品分解出的亚甲基的作用下，熔融的树脂由线性结构迅速转变成不熔融的体型结构，从而使树脂覆膜砂固化成型。树脂覆膜砂一般为干态颗粒状，近年来我国还开发出湿态和黏稠状树脂覆膜砂。用树脂覆膜砂既可制作砂型，又可制作砂芯（实体芯和壳芯）；树脂覆膜砂的砂型或砂芯既可以自身配合使用，还可以与其他砂型（芯）配合使用；树脂覆膜砂不仅可以用于金属型重力铸造或低压铸造，还可以用于铁模覆砂铸造，现已大量应用于湿型砂铸造；树脂废膜砂不仅可以用于生产钢铁材料铸件，还可以用于生产非铁合金铸件。

热芯盒树脂砂制芯工艺是在原砂中加入适量的树脂与固化剂，经过适当的混合后，用射芯机射入加热的芯盒中，在芯盒的热作用与固化剂的催化作用下，树脂由线型结构交联成体型结构进而固化。这一过程进行得很迅速，并且砂芯从芯盒中取出后在余热的作用下，其内部未固化的部分仍可继续进行固化反应，因而制芯效率要高于覆膜砂。热芯盒树脂砂在我国主要用来大批量生产形状复杂、质量要求高的砂芯。目前，该工艺在汽车、柴油机、动力机械和管道阀门等行业得到了广泛的应用。

温芯盒树脂砂制芯工艺是在芯盒表面温度约为 175 ℃时使树脂、固化剂系统固化的方法，是介于热芯盒与自硬冷芯盒之间的一种制芯工艺。它使用近似冷硬砂的树脂及固化剂。当混好的芯砂射到温度约为 175 ℃的芯盒中时，砂芯与芯盒接触部分开始硬化，结壳厚度层足够达到起芯强度时即可取出，取出后它会继续自行硬化。由于这种树脂起芯后的自硬性远比热芯盒法好，因此大批量生产较大砂芯（质量大于 9 kg，厚度大于 50 mm）时，采用温芯盒砂尤为适合。

四、阀壳的造型制芯方法

阀壳年产 500 t，单件重 12.7 kg，需要生产 40 000 件。选用黏土砂造型、覆膜砂制芯。

1. 造型

选用黏土砂机器造型，造型机型号 AMF－307Ⅲ为垂直射砂水平分型脱箱射压造型机，如图 2－11 所示。该造型机是全自动双面模板，采用顶射、水平分型、低压加高压压实方式的自动脱箱造型机。其主要结构有模板、浇注系统、上下砂箱、砂箱移动和回转装置、接模压实装置、脱模装置、上下压实装置、砂桶、射砂系统、旋转装置。

图 2－11　AMF－307Ⅲ垂直射砂水平分型脱箱射压造型机

AMF－307Ⅲ垂直射砂水平分型脱箱射压造型机的主要参数见表 2－12。

表 2－12　AMF－307Ⅲ垂直射砂水平分型脱箱射压造型机的主要参数

序号	参数	指标
1	砂型种类	湿型砂（黏土砂、红砂）
2	砂箱尺寸	700 mm×600 mm×250 mm/250 mm
3	砂型高度	500 mm（可调）

序号	参数	指标
4	造型方式	气流加砂 + 液压挤压
5	空气消耗量	1.7 m³/箱
6	合型精度	0.2~0.3 mm
7	模具类型	铝制双面型板
8	模具厚度	40 mm
9	驱动方式	空气 + 气动 – 液压装置
10	砂型质量	最大质量 305 kg
11	造型速度	45 s/模（含下芯时长 28 s 内）
12	浇冒口直径	ϕ30 mm、ϕ48 mm

考虑吃砂量、浇冒系统的高度等，估算砂型的体积，代入密度计算，每型用黏土砂量为 220 kg，造型的砂铁比为 4.4 : 1，生产 40 000 件 500 t 阀壳需要 2 200 t 型砂。每小时生产 80 型，则每小时需砂量为 17.6 t，采用企业的砂处理系统可以满足要求，混砂设备为 S1120 双碾轮式混砂机，每小时可混制黏土砂 20 t，并全自动实现旧砂回收和再生。混砂时，黏土砂原砂粒度为 70/140 目，水分 3.2%~3.5%。要求型砂的性能为透气性 100~140 ml/g、抗压强度 1.2~1.4 Mpa、紧实率 40% ±2%。

2. 制芯

生产 500 t 阀壳需要 40 000 个砂芯，采用 Z956 全自动垂直分型翻转式壳芯机，每小时可制造 20~25 模。根据铸件的内腔估算砂芯的尺寸，Z956 每模可制造 4 个砂芯，每小时可制造 80 个。根据调度计划，提前制备满足造型机每班工作的砂芯需要量。

预估砂芯的尺寸，按砂芯长 300 mm 计算其体积，根据密度计算其质量，每个砂芯的质量为 4.0 kg，则 40 000 个零件的砂芯质量为 160 t。砂芯的砂铁比为 0.32 : 1。选用商用覆膜砂，要求原砂粒度为 50/100 目。

 **任务实施**

一、个人任务工单

1. 查阅混砂机、造型机、制芯机的工作流程。

_____

_____

2. 查阅 S1120 混砂机、Z956 壳芯机的参数。

_____

_____

_____

3. 查阅型砂、芯砂的密度。

_____

_____

二、团队任务工单

1. 教师将学生分成几个小组，分别完成下面一个或几个题目，并组织讨论。

（1）查阅 GB/T 31552—2023《铸造机械分类与型号编制方法》，了解铸造设备型号的编制方法。

（2）查阅 GB/T 25711—2023《铸造机械通用技术规范》，了解铸造设备型号的技术规范。

（3）阅读 GB/T 2684—2009《铸造用砂及混合料试验方法》，掌握原砂、粘结剂、型砂和芯砂的性能指标；掌握取样规则、试验方法、数据处理。

（4）查阅 T/CFA 0202031.7—2021《铸造用硅砂通用技术规范第 7 部分：检验用标准硅砂》。

2. 每一组推荐一名学生进行汇报，交流讨论，并再次总结自己的收获与经验。

任务评价与反思

序号	评价内容	分值	得分
1	能够准确描述湿型砂手工生产与湿型砂机器生产的特点、异同	20	
2	能够准确描述化学粘结剂砂的分类、各类化学黏结砂造型和制芯的特点	30	
3	能够针对不同的零件、生产批量，选择合适的型砂和芯砂、造型和制芯方法	20	
4	能够说出 S1120 混砂机的生产率、Z956 壳芯机的生产率和砂芯尺寸大小	10	
5	能够描述 2~3 种铸造设备的技术规范	10	
6	能够描述原砂、粘结剂、型砂和芯砂的性能指标及试验方法	10	
合计		100	

出现的问题	解决措施

1. 铸造机械

铸造机械是铸造生产中与金属熔炼、浇注、砂处理、造型（芯）、铸件清理等直接相关的各种机械设备的总称。

GB/T 31552—2023《铸造机械分类与型号编制方法》规定了铸造机械的分类与型号编制方法。铸造机械按其用途或铸造方法的不同，可分为10类：型砂制备和型砂再生设备S、造型制芯设备Z、落砂除芯设备L、清理设备Q、永久型和半永久型铸造设备J、熔模和消失模铸造设备R、熔炼浇注设备R、运输定量设备Y、检测控制设备C、其他T。

GB/T 25711–2023《铸造机械通用技术规范》规定了铸造机械产品的型号、名称和参数，设计原则，技术要求，试验方法，检验规则，随机技术文件，标志、包装、运输和贮存，适用于铸造机械产品的设计、制造、检验和维护。

GB/T 31552—2023《铸造机械
分类与型号编制方法》　　　　GB/T 25711—2023《铸造机械
通用技术规范》

2. 铸造用砂及混合料试验方法

造型材料一般是指制造铸型（芯）用的材料，包括砂、粘结剂、辅助材料。混合料包括型砂、芯砂、涂料。砂型铸造用的、粒度大于0.020 mm的颗粒耐火材料称为铸造用砂，按矿物质组成分为硅砂和非硅质砂。

GB/T 2684—2009《铸造用砂及混合料试验方法》规定了铸造用砂及混合料样品及试样的选取和试验方法，适用于测定铸造用砂及混合料的含水量、含泥量、粒度、紧实率、透气性、强度、酸耗值、灼烧减量、发气量和发气速度。

GB/T 2684—2009《铸造用砂及混合料试验方法》

任务五　确定浇注位置和分型面

任务描述

为阀壳确定浇注位置和分型面。

学习目标

1. 知识目标

（1）掌握铸件浇注位置的概念和确定铸件浇注位置的方法。

（2）掌握铸件分型面的概念和确定铸件分型面的方法。

2. 能力目标

（1）能够根据铸件特点确定铸件的浇注位置。

（2）能够根据铸件特点确定铸件的分型面。

3. 素养目标

（1）具有较强的运用工程科学及系统思维的能力。

（2）具备解决工程问题的系统性分析和选取抉择能力。

（3）具有交流沟通、团队合作和自主学习的能力。

知识链接

一、铸件浇注位置的确定

铸件的浇注位置是指浇注时铸件在铸型中所处的位置。分型面为水平、垂直或倾斜时分别称为水平浇注、垂直浇注或倾斜浇注。

浇注位置是根据铸件的结构特点、尺寸、质量、技术要求、铸造合金特性、铸造方法，以及生产车间的条件决定的。正确的浇注位置应能保证获得健全的铸件，并使造型、制芯和清理方便。

确定浇注位置的一般原则如下。

（1）铸件的重要加工面、主要工作面和受力面应尽量放在底部或侧面，以防止这些表面产生砂眼、气孔和夹渣等铸造缺陷。

（2）铸件的大平面应置于下部或倾斜放置，以防止夹砂等缺陷。有时为了方便造型，可采用横做立浇、平做斜浇的方法。

（3）铸件的薄壁部位应置于内浇道的下部或侧面，以防止浇不到、冷隔等铸造缺陷。

（4）浇注位置应有利于所确定的凝固顺序。对于体收缩较大的合金，浇注位置应尽量满足顺序凝固的原则。铸件厚实部分一般应置于浇注位置上方，以利于设置冒口补缩。

（5）浇注位置应有利于砂芯的定位和稳固支撑，使排气通畅。尽量避免吊芯、悬臂砂芯。

（6）在大批量生产中，应使铸件的毛刺、飞翅易于清理。

（7）要避免厚实铸件冒口下的主要工作面产生偏析。

（8）尽量使合箱位置、浇注位置和铸件冷却位置一致。

以上原则中的前4点原则，被铸造工作者形象地概括为"三下一上"。具体铸件往往不能满足所列的全部原则，这就需要在编制工艺时，根据实际情况找出主要矛盾，在解决主要矛盾的同时兼顾其他次要矛盾，尤其是在大批量生产中，往往要先进行工艺试验，然后确定浇注位置。

二、铸件分型面的确定

铸件分型面是指铸型组元间的接合面。

合理地选择分型面，对于简化铸造工艺、提高生产率、降低成本、提高铸件质量等都有直接关系。分型面的选择应尽量与浇注位置一致，使两者协调起来，从而使铸造工艺简便，并易于保证铸件质量。

确定铸件分型面的主要确定原则有以下几点。

（1）要尽量减少分型面的数量。尽可能将铸件的全部或大部分放在同一箱内，以减少因错型造成的尺寸偏差。

（2）应尽量把铸件的加工定位面和主要加工面放在同一箱内，以减少加工定位的尺寸偏差。

（3）在机器造型中，选择分型面时，应尽量避免使用活块，必要时用砂芯代替活块。

（4）应尽量减少砂芯的数量。

（5）应尽量使分型面为平面，必要时也可不做成平面。

（6）为方便起模，分型面应选在铸件的最大断面处。

（7）对于较高的铸件，尽量不使铸件在一箱内过高。图 2 – 12 中的合理方案可以避免模样在一箱内过高。

（8）在考虑造型、浇注、制芯的基础上，分型面的选择还应有利于清理。

图 2 – 12 所示为同一种铸件的 5 种分型面方案，各有优缺点。

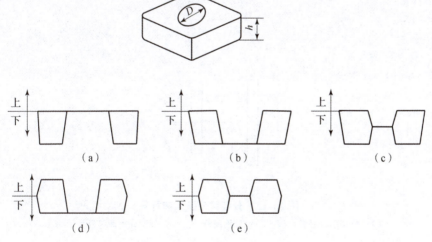

图 2 – 12　同一种铸件的 5 种分型面方案

三、分型面、分模面的工艺符号

JB/T 2435—2013《铸造工艺符号及表示方法》规定的分型面、分模面、分型分模面符号如图 2 – 13 所示。在写汉字"上、中、下"时，遵循图纸方向，不要上下左右颠倒。

分型面用红色线表示，用红色箭头及红色字标明"上、中、下"字样。分模面用红色线表示，并在线的任一端划"＜"或"＞"号（只表示墨阳分开的界线）。分型分模面用红色线表示。

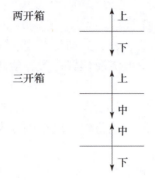

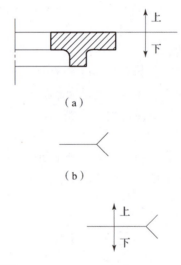

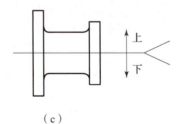

图 2 – 13　分型和分模工艺符号

（a）分型面符号及示例；（b）分模面符号；（c）分型分模面符号及示例

四、阀壳的铸造工艺方案

1. 阀壳的浇注位置

针对图 1 – 1 所示阀壳，提出了以下三种浇注位置方案。

图 2 – 14 所示是阀壳的浇注位置方案一。

图 2 - 14　阀壳的浇注位置方案一

　　在图 2 - 14 所示阀壳的浇注位置方案一中，铸件垂直放置，大端在上。其优点是内壁均位于侧立位置，质量较好且均匀。厚大部位在上利于布置冒口实现补缩。但在上的大端质量较差，且在垂直方向上，形状大、小交错，因此凸台将会妨碍起模，不易选取分型面。砂芯细长高大且上端较大，操作时存在困难。

　　图 2 - 15 所示是阀壳的浇注位置方案二。

图 2 - 15　阀壳的浇注位置方案二

在图 2 – 15 所示阀壳的浇注位置方案二中，铸件垂直放置，大端在下。其优点是内壁均位于侧立位置，质量较好且均匀。其缺点是凸台将会妨碍起模，上端的质量较差。砂芯细长高大，操作时存在困难。

图 2 – 16 所示是阀壳的浇注位置方案三。

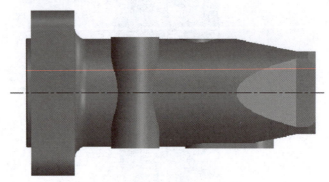

图 2 – 16　阀壳的浇注位置方案三

在图 2 – 16 所示阀壳的浇注位置方案三中，铸件水平放置，重要面位于侧面，适合安放水平芯，操作方便。但上半型质量较下半型差。从最大截面处分为两型，分别位于上下箱中，两型的高度均较低，起模方便。

综合比较以上三种浇注位置方案，决定选择图 2 – 16 所示的浇注位置方案三。

2. 阀壳的分型面

下面为图 2 – 16 所示的阀壳浇注位置方案三设计了三种分型面方案。

图 2 – 17 所示是阀壳的分型面方案一。

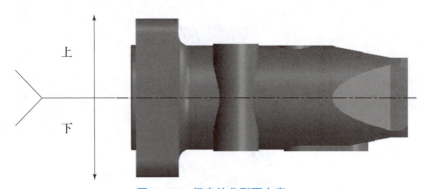

上

下

图 2 – 17　阀壳的分型面方案一

在图 2 – 17 所示阀壳的分型面方案一中，阀壳分为上下两箱，从最大截面处分型。分型面为最大横截面，取模容易无阻碍，合箱位置、浇注位置和铸件冷却位置一致。

图 2 – 18 所示是阀壳的分型面方案二。

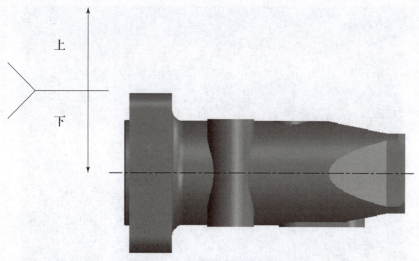

图 2 – 18　阀壳的分型面方案二

在图 2 – 18 所示阀壳的分型面方案二中，阀壳全在下箱，下芯容易。曲面分型，凸台妨碍了起模，需要使用活块。

图 2 – 19 所示是阀壳的分型面方案三。

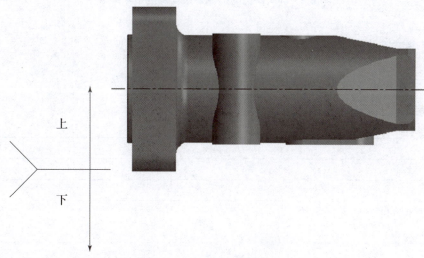

图 2 – 19　阀壳的分型面方案三

在图 2 – 19 所示阀壳的分型面方案三中，阀壳全在上箱，曲面分型，凸台妨碍了起模，需要使用活块。

综合比较，决定采用图 2 – 17 所示的分型面方案一作为阀壳最终的铸造工艺方案。

3. 阀壳的型腔布置

根据表 2 – 12 的砂箱尺寸，考虑模板布置，根据阀壳的尺寸，每型可以布置 4 件，如图 2 – 20 所示。40 000 个零件需要造 10 000 型（含上下型）。AMF – 307 Ⅲ 造型机的生产率为 80 型/h，因此制造阀壳 10 000 型，造型机需要工作 125 造型机时。考虑废品率等，在 15 个工作日可以完成 500 t 阀壳的生产任务。

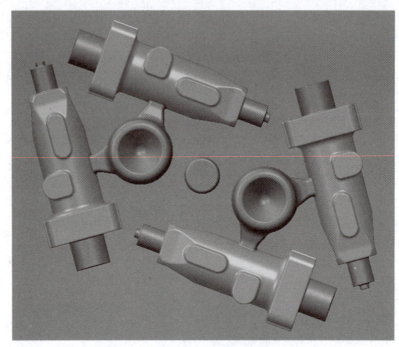

图 2 – 20　阀壳的型腔布置（每型 4 件）

任务实施

一、个人任务工单

1. 描述铸件浇注位置的概念。

_____

_____

_____

2. 描述铸件分型面的概念。

_____

_____

_____

3. 查阅 GB/T 5611—2017《铸造术语》中关于铸造缺陷部分"9　铸件质量"的内容。

_____

_____

_____

_____

二、团队任务工单

1. 教师将学生分成几个小组，分别完成下面一个或几个题目，并组织讨论。
（1）查阅 JB/JQ 82001—1990《铸件质量分等通则》。
（2）查阅 JB/T 2435—2013《铸造工艺符号及表示方法》。
（3）了解"中国大学生机械工程创新创意大赛：铸造工艺设计赛"。
2. 每一组推荐一名学生进行汇报，交流讨论，并再次总结自己的收获与经验。

 任务评价与反思

序号	评价内容	分值	得分
1	能够准确描述浇注位置的概念和确定铸件浇注位置的方法	20	
2	能够准确描述分型面的概念和确定铸件分型面的方法	20	
3	能够针对不同的零件、生产批量，确定铸件的浇注位置、分型面	20	
4	能够用红、蓝铅笔在图纸上绘制浇注位置、分型面	10	
5	能够评审铸件的浇注位置、分型面是否合适	10	
6	能够根据国家标准，描述铸造缺陷分为哪几大类	10	
7	能够描述"中国大学生机械工程创新创意大赛：铸造工艺设计赛"的竞赛内容、用到的铸造知识和技术	10	
合计		100	
出现的问题		解决措施	

 知识拓展

1. 铸件质量分等

按成品质量、生产过程的技术管理、用户管理与反馈三个方面来评定铸件的质量。成品质量包括铸件外观质量、内在质量。外观质量包括尺寸公差、表面粗糙度、浇冒口残留量、质量公差等。内在质量包括力学性能、化学成分、金相组织、内部缺陷等。铸件按其达到的质量指标，分为"合格品""一等品""优等品"三个质量等级。生产过程的技术管理包括采用标准情况、工艺文件、检测手段等项目。

JB/JQ82001—1990《铸件质量分等通则》规定了铸钢件、铸铁件、铸铝件、铸铜件质量分等原则、质量等级、质量检测方法和评定方法。

2. 铸造工艺符号

铸造工艺符号是用来表达铸造工艺元素的符号，如分型面、分模面、浇注系统、冒口、冷铁等。

JB/T 2435—2013《铸造工艺符号及表示方法》规定了砂型铸造工艺图中各种工艺符号及表示方法，适用于砂型铸钢件、铸铁件及有色金属铸件，其他铸造工艺方法也可参照执行。铸造工艺图中工艺符号表示颜色规定为红、蓝两色。标准中列入 24 种常用工艺符号及表示方法，不常用的工艺符号及表示方法可自行规定。

JB/T 2435—2013《铸造工艺符号及表示方法》

3. 中国大学生机械工程创新创意大赛：铸造工艺设计赛（MEICC）

由中国机械工程学会主办，中国机械工程学会铸造分会承办的"中国大学生机械工程创新创意大赛：铸造工艺设计赛"旨在为铸造专业在校学生提供社会实践平台，鼓励学生主动跟踪铸造科技发展，学习铸造专业知识，提高铸造工艺设计和操作技能，提升科技创新与工程实践能力，为铸造行业培养优秀专业人才。铸造工艺设计赛自 2009 年开始举办，赛事参与人数多、影响范围广、专业技术培养效果好，并连续 4 次入选"全国普通高校学科竞赛排行榜"。2024 年，铸造工艺设计赛开始采用校内选拔赛、区域赛、全国总决赛三级赛制。

中国大学生机械工程创新创意大赛：铸造工艺设计赛

模块三　设计铸造工艺参数

任务一　设计铸造工艺参数（一）

大国工匠3

任务描述

为阀壳选取铸造工艺参数：铸件机械加工余量、铸件尺寸公差、铸件质量公差。

学习目标

1. 知识目标

（1）掌握铸造工艺参数的概念。

（2）掌握确定铸件机械加工余量、铸件尺寸公差、铸件质量公差等铸造工艺参数数值的方法。

2. 能力目标

（1）能够确定需要设计铸造工艺参数的位置。

（2）能够确定铸件机械加工余量、铸件尺寸公差、铸件质量公差等铸造工艺参数的数值。

（3）能够根据环保要求，改善铸造工艺参数的数值。

3. 素养目标

（1）具备结合本专业特性开展专业领域设计、创新的能力。

（2）能够跟踪铸造行业的前沿技术。

（3）具有交流沟通、团队合作和自主学习能力。

知识链接

一、铸件机械加工余量

铸件机械加工余量是为保证铸件加工面尺寸和零件精度，在铸件工艺设计时预先增加而在机械加工时切去的金属层厚度。

铸件各处的机械加工余量如图 3-1 所示。

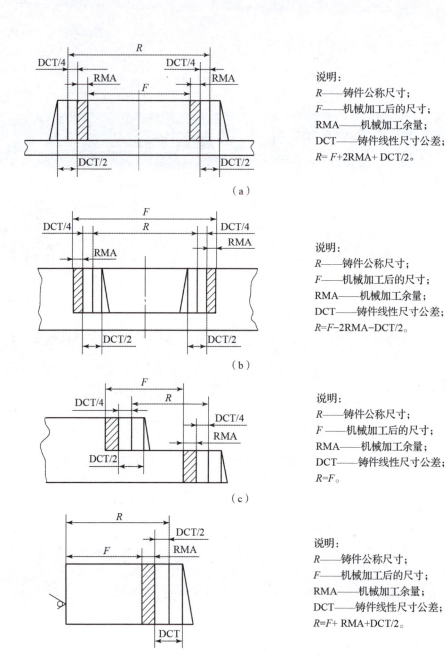

图 3 - 1　铸件各处的机械加工余量

（a）凸台外面作机械加工；（b）内腔作机械加工；

（c）台阶尺寸作机械加工；（d）在铸件某一侧作机械加工

　　GB/T 6414—2017《铸件 尺寸公差、几何公差与机械加工余量》中规定的机械加工余量等级有 10 级，分别为 A、B、C、D、E、F、G、H、J 和 K 级。标准推荐用于各种铸造合金和铸造方法生产的毛坯铸件典型的机械加工余量等级如表 3 - 1 所示，供参考。其中，轻金属是指密度小于 4.5×10^3 kg/m³ 的金属，分为有色轻金属和稀有轻金属两类，有色轻金属合金包括铝、镁等。

表 3 – 1　毛坯铸件典型的机械加工余量等级

方法	要求的机械加工余量等级								
	铸钢	灰铸铁	球墨铸铁	可锻铸铁	铜合金	锌合金	轻金属合金	镍基合金	钴基合金
砂型铸造/手工造造	G~J	F~H	F~H	F~H	F~H	F~H	F~H	G~K	G~K
砂型铸造/机器造型和壳型	F~H	E~G	E~G	E~G	E~G	E~G	E~G	F~H	F~H
金属型（重力铸造和低压铸造）	—	D~F	D~F	D~F	D~F	D~F	D~F	—	—
压力铸造	—	—	—	—	B~D	B~D	B~D	—	—
熔模铸造	E	E	E	—	E	—	E	E	E

注：本标准也适用于经供需双方商定的本表未列出的其他铸造工艺和铸件材料。

根据铸件的最大尺寸和机械加工余量等级，从表 3 – 2 可以查得机械加工余量数值。要求的机械加工余量适用于整个毛坯铸件，且该值应根据最终机械加工后成品铸件的最大轮廓尺寸和相应的尺寸范围选取。

表 3 – 2　要求的铸件机械加工余量数值

铸件公称尺寸/mm		铸件的机械加工余量等级（RMAG）及其对应的机械加工余量（RMA）/mm								
大于	至	A	B	C	D	E	F	G	H	J	K
—	40	0.1	0.1	0.2	0.3	0.4	0.5	0.5	0.7	1	1.4
40	63	0.1	0.2	0.3	0.3	0.4	0.5	0.7	1	1.4	2
63	100	0.2	0.3	0.4	0.5	0.7	1	1.4	2	2.8	4
100	160	0.3	0.4	0.5	0.8	1.1	1.5	2.2	3	4	6
160	250	0.3	0.5	0.7	1	1.4	2	2.8	4	5.5	8
250	400	0.4	0.7	0.9	1.3	1.8	2.5	3.5	5	7	10
400	630	0.5	0.8	1.1	1.5	2.2	3	4	6	9	12
630	1 000	0.6	0.9	1.2	1.8	2.5	3.5	5	7	10	14
1 000	1 600	0.7	1	1.4	2	2.8	4	5.5	8	11	16
1 600	2 500	0.8	1.1	1.6	2.2	3.2	4.5	6	9	13	18
2 500	4 000	0.9	1.3	1.8	2.5	3.5	5	7	10	14	20
4 000	6 300	1	1.4	2	2.8	4	5.5	8	11	16	22
6 300	10 000	1.1	1.5	2.2	3	4.5	6	9	12	17	24

注：等级 A 和 B 只适用于特殊情况，如带有工装定位面、夹紧面和基准面的铸件。

铸件的某一部位在铸态下的最大尺寸应不超过成品尺寸与要求的加工余量及铸造总公差之和。当有斜度时，斜度值应另外考虑。

JB/T 2435—2013《铸造工艺符号及表示方法》规定，加工余量用涂满的红色围绕待加工表面表示，标注方式如下可任选其一。

（1）在零件图的加工符号上，用红笔注明每个加工余量数值。

（2）在工艺说明中写出上、侧、下字样注明加工余量数值，有个别特殊要求的加工余量则将数值用红笔标注在加工符号附近。

凡是带斜度的加工余量应该注明斜度。

图 3-2 所示是 JB/T 2435—2013《铸造工艺符号及表示方法》中规定的机械加工余量的画法与表示方法。

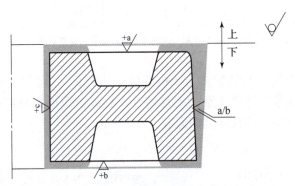

图 3-2　机械加工余量的画法与表示方法

二、铸件尺寸公差

铸件尺寸公差是指铸件各部分尺寸允许的极限偏差。在这两个允许的极限尺寸之内，铸件方可满足加工、装配和使用的要求，也是铸件交货的尺寸范围。

铸件的尺寸精度取决于工艺设计及工艺过程控制的严格程度，其主要影响因素有铸件结构复杂程度、铸件设计及铸造工艺设计水平、造型制芯设备及工装设备的精度和质量、造型制芯材料的性能和质量、铸造金属和合金种类、铸件热处理工艺、铸件清理质量、铸件表面粗糙度和表面质量、铸造厂（车间）的管理水平等。

铸件尺寸公差等级的选定，除应考虑铸件的生产量和生产方式外，还应考虑铸件的设计要求、机械加工要求、铸造金属和合金种类、采用的铸造设备、工艺装备和工艺方法。供需双方可在设计定型和签订合同前商定铸件生产工艺和公差等级。

铸件尺寸公差要求越高，对上述影响因素的控制越严，但铸件生产成本也相应地提高。因此，在规定铸件尺寸公差时，必须从实际出发，综合考虑各种因素，达到既保证铸件质量，又不过多地增加生产成本的目的。

不同的生产规模和生产方式生产的铸件所能达到的铸件尺寸公差等级是不同的。按照 GB/T 6414—2017《铸件　尺寸公差、几何公差与机械加工余量》的规定，铸件尺寸公差等级分为 16 级，表示为 DCTG1～DCTG16。

表 3-3 所示为大批量生产毛坯铸件的尺寸公差等级。

表 3 - 3　大批量生产毛坯铸件的尺寸公差等级

方法	铸件尺寸公差等级（DCTG）								
	钢	灰铸铁	球墨铸铁	可锻铸铁	铜合金	锌合金	轻金属合金	镍基合金	钴基合金
砂型铸造 手工造型	11~13	11~13	11~13	11~13	10~13	10~13	9~12	11~14	11~14
砂型铸造 机器造型和壳型	8~12	8~12	8~12	8~12	8~10	8~10	7~9	8~12	8~12
金属型铸造 （重力铸造或低压铸造）	—	8~10	8~10	8~10	8~10	7~9	7~9	—	—
压力铸造	—	—	—	—	6~8	4~6	4~7	—	—
熔模铸造　水玻璃	7~9	7~9	7~9	—	5~8		5~8	7~9	7~9
熔模铸造　硅溶胶	4~6	4~6	4~6	—	4~6		4~6	4~6	4~6

注：表中所列出的尺寸公差等级是在大批量生产下铸件通常能达到的尺寸公差等级。

表 3 - 4 所示为小批量或单件生产毛坯铸件的尺寸公差等级。

表 3 - 4　小批量生产或单件生产毛坯铸件的尺寸公差等级

方法	造型材料	铸件尺寸公差等级（DCTG）							
		钢	灰铸铁	球墨铸铁	可锻铸铁	铜合金	轻金属合金	镍基合金	钴基合金
砂型铸造 手工造型	黏土砂	13~15	13~15	13~15	13~15	13~15	11~13	13~15	13~15
砂型铸造 手工造型	化学粘结剂砂	12~14	11~13	11~13	11~13	10~12	10~12	12~14	12~14

注：1. 表中所列出的尺寸公差等级是砂型铸造小批量或单件时，铸造通常能够达到的尺寸公差等级。

2. 本表也适用于经供需双方商定的本表未列出的其他铸造工艺和铸件材料。

3. 本表中的数值一般适用于公称尺寸大于 25 mm 的铸件。对于较小的尺寸，通常能保证下列较精的尺寸公差。

①公称尺寸≤10 mm；精度等级提高三级。

②10 mm＜基本尺寸≤16 mm；精度等级提高两级。

③16 mm＜基本尺寸≤25 mm；精度等级提高一级。

根据毛坯铸件基本尺寸与铸件尺寸公差等级，从表 3 - 5 中可以查得铸件尺寸公差数值。

表 3 - 5　铸件尺寸公差数值

公称尺寸/mm		铸件尺寸公差等级（DCTG）及相应的线性尺寸公差值/mm														
大于	至	1	2	3	4	5	6	7	8	9	10	11	12	13	14	15	16
—	10	0.09	0.13	0.18	0.26	0.36	0.52	0.74	1	1.5	2	2.8	4.2	—	—	—	—
10	16	0.1	0.14	0.2	0.28	0.38	0.54	0.78	1.1	1.6	2.2	3.0	4.4	—	—	—	—

公称尺寸/mm		铸件尺寸公差等级（DCTG）及相应的线性尺寸公差值/mm															
大于	至	1	2	3	4	5	6	7	8	9	10	11	12	13	14	15	16
16	25	0.11	0.15	0.22	0.30	0.42	0.58	0.82	1.2	1.7	2.4	3.2	4.6	6	8	10	12
25	40	0.12	0.17	0.24	0.32	0.46	0.64	0.9	1.3	1.8	2.6	3.6	5	7	9	11	14
40	63	0.13	0.18	0.26	0.36	0.50	0.70	1	1.4	2	2.8	4	5.6	8	10	12	16
63	100	0.14	0.20	0.28	0.40	0.56	0.78	1.1	1.6	2.2	3.2	4.4	6	9	11	14	18
100	160	0.15	0.22	0.30	0.44	0.62	0.88	1.2	1.8	2.5	3.6	5	7	10	12	16	20
160	250	—	0.24	0.34	0.50	0.70	1	1.4	2	2.8	4	5.6	8	11	14	18	22
250	400	—	—	0.40	0.56	0.78	1.1	1.6	2.2	3.2	4.4	6.2	9	12	16	20	25
400	630	—	—	—	0.64	0.9	1.2	1.8	2.6	3.6	5	7	10	14	18	22	28
630	1 000	—	—	—	0.72	1	1.4	2	2.8	4	6	8	11	16	20	25	32
1 000	1 600	—	—	—	0.80	1.1	1.6	2.2	3.2	4.6	7	9	13	18	23	29	37
1 600	2 500	—	—	—	—	—	—	2.6	3.8	5.4	8	10	15	21	26	33	42
2 500	4 000	—	—	—	—	—	—	—	4.4	6.2	9	12	17	24	30	38	49
4 000	6 300	—	—	—	—	—	—	—	—	7	10	14	20	28	35	44	56
6 300	10 000	—	—	—	—	—	—	—	—	—	11	16	23	32	40	50	64

在默认条件下，铸件的尺寸公差相对于公称尺寸对称设置，即一半为正，另一半为负。对于小批量和单件生产铸件，不适当地采用过高的工艺要求来提高铸件公差等级，通常是不经济的。

铸件图上的铸件基本尺寸应包括铸件机械加工余量。铸件图上的铸件公称尺寸公差与极限尺寸的关系如图3-3所示。图3-3中的RMA是指机械加工余量，DCT是尺寸公差。

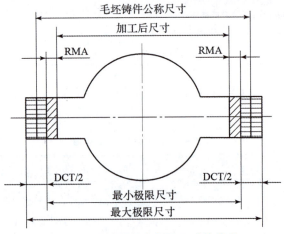

图3-3 尺寸公差与极限尺寸的关系

三、铸件几何公差等级

铸件几何公差等级分为 7 级,标记为 GCTG2 ~ GCTG8,GCTG1 是为需要更高精度的几何公差值预留的等级。表 3–6 所示为各类铸造方法铸件能达到的铸件最大几何公差等级。

表 3–6 各类铸造方法能达到的铸件最大几何公差等级

工艺方法	几何公差等级 (GCTG)								
	铸钢	灰铸铁	球墨铸铁	可锻铸铁	铜合金	锌合金	轻金属合金	镍基合金	钴基合金
砂型铸造 手工造型	6 ~ 8	5 ~ 7	5 ~ 7	5 ~ 7	5 ~ 7	5 ~ 7	5 ~ 7	6 ~ 8	6 ~ 8
砂型铸造 机器造型及壳型	5 ~ 7	4 ~ 6	4 ~ 6	4 ~ 6	4 ~ 6	4 ~ 6	4 ~ 6	5 ~ 7	5 ~ 7
金属型铸造 (不包括压力铸造)	—	—	—	—	3 ~ 5	—	3 ~ 5	—	—
压力铸造	—	—	—	—	2 ~ 4	2 ~ 4	2 ~ 4	—	—
熔模铸造	—	3 ~ 5	3 ~ 5	3 ~ 5	3 ~ 5	2 ~ 4	3 ~ 5	—	—

形状公差(直线度公差、平面度公差、圆度公差)和位置公差(倾斜度公差、平行度公差、垂直度公差)不适用于有起模斜度的部位,这些部位的公差需要单独标注。

表 3–7 所示为铸件直线度公差。

表 3–7 铸件直线度公差

公称尺寸/mm		铸件几何尺寸公差等级 (GCTG) 及其相应的直线度公差/mm						
大于	至	2	3	4	5	6	7	8
—	10	0.08	0.12	0.18	0.27	0.4	0.6	0.9
10	30	0.12	0.18	0.27	0.4	0.6	0.9	1.4
30	100	0.18	0.27	0.4	0.6	0.9	1.4	2
100	300	0.27	0.4	0.6	0.9	1.4	2	3
300	1 000	0.4	0.6	0.9	1.4	2	3	4.5
1 000	3 000				3	4	6	9
3 000	6 000				6	8	12	18
6 000	10 000	—	—	—	12	16	24	36

表 3-8 所示为同轴度公差表。

表 3-8　同轴度公差表

公称尺寸/mm		铸件几何尺寸公差等级（GCTG）及其相应的同轴度公差/mm						
大于	至	2	3	4	5	6	7	8
—	10	0.27	0.4	0.6	0.9	1.4	2	3
10	30	0.4	0.6	0.9	1.4	2	3	4.5
30	100	0.6	0.9	1.4	2	3	4.5	7
100	300	0.9	1.4	2	3	4.5	7	10
300	1 000	1.4	2	3	4.5	7	10	15
1 000	3 000	—	—	—	9	14	20	30
3 000	6 000	—	—	—	18	28	40	60
6 000	10 000	—	—	—	36	56	80	120

其余公差参见 GB/T 6414—2017《铸件　尺寸公差、几何公差与机械加工余量》与 GB/T 17851—2022《产品几何技术规范（GPS）几何公差　基准和基准体系》。

四、铸件质量公差

GB/T 11351—2017《铸件质量公差》是铸件质量公差的推荐性国家标准。铸件质量公差是用占铸件公称质量的百分比表示铸件实际质量与公称质量之差的最大允许值（用百分率表示）。铸件质量公差分为与铸件尺寸公差对应的 16 个等级，以 MT1～MT16 表示。

铸件公称质量是指根据铸件图计算的质量，或根据供需双方认定合格的铸件质量，或按照一定方法确定的被检铸件的基准质量，包括铸件机械加工余量及其他工艺余量等因素引起的铸件质量的变动量。确定铸件公称质量的方式有以下几种。

（1）批量生产时，从供需双方共同认定的首批合格铸件中随机抽取不少于 10 件铸件，以实称质量的平均值作为公称质量。

（2）小批量和单件生产时，以计算质量或供需双方共同认定的合格铸件的实称质量作为公称质量。

（3）以供需双方共同认定的标准样品或计算方法得到的质量作为公称质量。

铸件质量公差等级应根据铸件的生产方式、铸造合金种类和铸造工艺方法选取。铸件质量公差等级与铸件尺寸公差等级应对应选取。例如，铸件尺寸公差等级选取 DCTG10 时，铸件质量公差等级应选 MT10。

表3-9所示为用于成批和大量生产的铸件质量公差等级。

表3-9 用于成批和大量生产的铸件质量公差等级

工艺方法		铸件质量公差等级（MT）								
		铸钢	灰铸铁	球墨铸铁	可锻铸铁	铜合金	锌合金	轻金属合金	镍基合金	钴基合金
砂型铸造 手工造型		11~14	11~14	11~14	11~14	10~13	10~13	9~12	11~14	11~14
砂型铸造 机器造型及壳型		8~12	8~12	8~12	8~12	8~10	8~10	7~9	8~12	8~12
铁型覆砂		8~12	8~12	8~12	8~12	—	—	—	—	—
金属型铸造 低压铸造		—	8~10	8~10	8~10	8~10	7~9	7~9	—	—
压力铸造		—	—	—	—	6~8	4~6	4~7	—	—
熔模铸造	水玻璃	7~9	7~9	7~9	—	5~8	—	5~8	7~9	7~9
	硅溶胶	4~6	4~6	4~6	—	4~6	—	4~6	4~6	4~6

表3-10所示为用于小批量和单件生产的铸件质量公差等级。

表3-10 用于小批量和单件生产的铸件质量公差等级

工艺方法	铸件质量公差等级（MT）								
	铸钢	灰铸铁	球墨铸铁	可锻铸铁	铜合金	锌合金	轻金属合金	镍基合金	钴基合金
湿型砂铸造	11~13	11~13	11~13	11~13	11~13	11~13	11~13	11~13	11~13
自硬砂铸造	12~14	11~13	11~13	11~13	10~12	12~14	10~12	12~14	12~14
消失模铸造	11~13	11~13	11~13	11~13	—	—	—	—	—
V法铸造	12~14	11~13	11~13	11~13	—	—	—	—	—
熔模铸造	4~6	4~6	4~6	—	4~6	—	4~6	4~6	4~6

根据铸件的公称质量和质量公差等级查表 3 –11 选取铸件质量公差数值。

表 3 –11　铸件质量公差数值

公称质量/kg	铸件质量公差等级（MT）															
	1	2	3	4	5	6	7	8	9	10	11	12	13	14	15	16
	铸件质量公差数值（%）															
≤0.4	4	5	6	8	10	12	14	16	18	20	24	—	—	—	—	—
0.4～1	3	4	5	6	8	10	12	14	16	18	20	24	—	—	—	—
1～4	2	3	4	5	6	8	10	12	14	16	18	20	24	—	—	—
4～10	—	2	3	4	5	6	8	10	12	14	16	18	20	24	—	—
10～40	—	—	2	3	4	5	6	8	10	12	14	16	18	20	24	—
40～100	—	—	2	3	4	5	6	8	10	12	14	16	18	20	24
100～400	—	—	—	2	3	4	5	6	8	10	12	14	16	18	20
400～1 000	—	—	—	—	2	3	4	5	6	8	10	12	14	16	18
1 000～4 000	—	—	—	—	—	2	3	4	5	6	8	10	12	14	16
4 000～10 000	—	—	—	—	—	—	2	3	4	5	6	8	10	12	14
10 000～40 000	—	—	—	—	—	—	—	2	3	4	5	6	8	10	12
>40 000	—	—	—	—	—	—	—	2	3	4	5	6	8	10

一般情况下，铸件质量公差的上偏差与下偏差相同；要求较高时，下偏差等级可比上偏差等级小两级；有特殊要求时，铸件质量公差可由供需双方商定，并在铸件图和技术文件中注明。

当铸件的质量公差作为验收依据时，应在图样或技术文件中注明。当质量公差为对称公差时，标注为 GB/T 11351 MT10 级。当质量公差的上下偏差不同时，应单独标注。

铸件质量公差的检验方法采用称量法。铸件的公称质量和被检铸件的质量应选择同一精度等级的计量器具称量。例如，实称质量在公差范围内，则被检铸件的质量合格。

五、阀壳的铸造工艺参数（一）

1. 机械加工余量

图 1 –1 所示阀壳的材料为 HT250，加工方法是砂型铸造、机器生产，由表 3 –1 查得，机械加工余量等级推荐为 E～G 级，取 F 级。再根据表 3 –2 中数据，结合企业的技术水平，可确定阀壳各处的机械加工余量数值，如图 3 –4 所示。

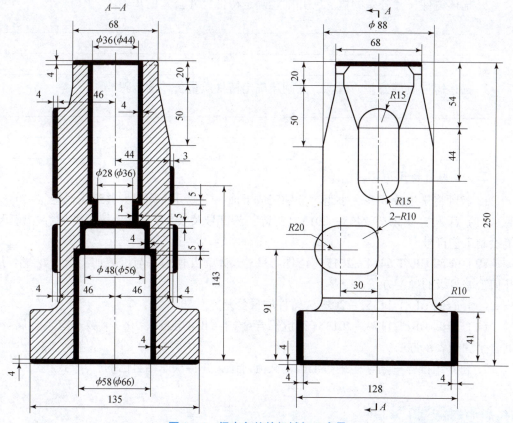

图 3 – 4   阀壳各处的机械加工余量

2. 尺寸公差

由表 3 – 3 查得，采用砂型铸造机器造型大批量生产灰铸铁时，推荐的尺寸公差等级为 DCTG8 ~ DCTG12，取 DCTG10 级，标注为 GB/T 6414 DCTG10。再查表 3 – 5 可以得到阀壳各处的尺寸公差数值。

3. 质量公差

由表 3 – 9 查得，灰铸铁成批大量采用砂型铸造机器造型时，推荐的质量公差等级为 MT8 ~ MT12 级。箱体铸件质量公差等级选用 MT10，记为 GB/T 11351 MT10。

由表 3 – 11 可知，根据铸件的公称质量为 12.7 kg 和质量公差等级为 MT10，选取铸件的质量公差数值为 12%。

 任务实施

一、个人任务工单

1. 描述铸件机械加工余量的概念，并阐述确定铸件机械加工余量的步骤。

_____

_____

_____

2. 描述铸件尺寸公差的概念，并阐述确定铸件尺寸公差的步骤。

_____

_____

_____

3. 描述铸件质量公差的概念，并阐述确定铸件质量公差的步骤。

_____

_____

_____

二、团队任务工单

1. 教师将学生分成几个小组，分别完成下面一个或几个题目，并组织讨论。

（1）深入学习 JB/T 2435—2013《铸造工艺符号及表示方法》，练习使用红、蓝铅笔绘制工艺符号。

（2）查阅 GB/T 6414—2017《铸件 尺寸公差、几何公差与机械加工余量》，学习几何公差等级的确定方法。

（3）查阅 GB/T 11351—2017《铸件质量公差》。

（4）查阅 GB/T 1173—2013《铸造铝合金》、GB/T 8063—2017《铸造有色金属及其合金牌号表示方法》。

2. 每一组推荐一名学生进行汇报，交流讨论，并再次总结自己的收获与经验。

任务评价与反思

序号	评价内容	分值	得分
1	确定铸件的机械加工余量、铸件尺寸公差、铸件质量公差等铸造工艺参数的数值	20	
2	能够用红、蓝铅笔在图纸上表达机械加工余量、铸件尺寸公差、铸件质量公差	25	
3	能够识读铸件的机械加工余量、铸件尺寸公差、铸件质量公差等铸造工艺参数并评审它们是否合适	20	
4	练习绘制全部铸造工艺符号	15	
5	能够说出铸造铝合金的检验规则，包括组批、取样方法、判定及复验等	10	
6	能够说出铸造有色合金的合金代号、牌号表示。能够说出铸造镁合金铸件的检验规则，包括组批、取样方法、判定及复验等	10	
合计		100	
出现的问题		解决措施	

1. 铸件尺寸公差

铸件尺寸公差即为铸件尺寸的允许变动量，等于最大极限尺寸与最小极限尺寸之差的绝对值，也等于上偏差与下偏差之差的绝对值。GB/T 6414—2017《铸件 尺寸公差、几何公差与机械加工余量》规定了铸件的尺寸公差、几何公差与机械加工余量的术语和定义，尺寸标注方法，铸件尺寸公差等级，几何公差等级，机械加工余量等级及其在图样上的标注，适用于由各种铸造方法生产的铸件。

GB/T 6414—2017《铸件 尺寸公差、几何公差与机械加工余量》

2. 铸件质量公差

铸件质量公差是指铸件实际质量与公称质量的差与铸件公称质量的比值。GB/T 11351—2017《铸件质量公差》规定了铸件质量公差的术语和定义、基本原则、标注方法和检验方法，适用于由各种铸造方法生产的铸件。

GB/T 11351—2017《铸件质量公差》

3. 铸造铝合金

铸造铝合金是以铝为基体的铸造合金。GB/T 1173—2013《铸造铝合金》规定了铸造铝合金的牌号和代号、技术要求、试验方法和检验规则。

GB/T 1173—2013《铸造铝合金》

4. 铸造有色合金

铸造有色合金又称铸造非铁合金，是铁元素不作为基体元素，而作为合金元素或杂质存在的铸造合金。其包括铸造铝合金、铸造铜合金、铸造镁合金、铸造轴承合金、非铁基铸造高温合金等。GB/T 8063—2017《铸造有色金属及其合金牌号表示方法》规定了铸造有色合金的牌号表示方法。

GB/T 8063—2017《铸造有色金属及其合金牌号表示方法》

 设计铸造工艺参数（二）

任务描述

为阀壳选取铸造工艺参数：铸件线收缩率、起模斜度、芯头斜度。

学习目标

1. 知识目标

（1）加深理解铸造工艺参数的概念。

（2）掌握确定铸件线收缩率、起模斜度、芯头斜度等铸造工艺参数数值的方法。

2. 能力目标

（1）能够确定需要设计铸造工艺参数的位置。

（2）能够确定铸件线收缩率、起模斜度、芯头斜度等铸造工艺参数的数值。

（3）能够根据环保要求，改善铸造工艺参数的数值。

3. 素养目标

（1）具有较强的运用工程科学及系统思维的能力。

（2）能够熟练运用相关工具技术与理论解决工程问题。

（3）具备结合本专业特性开展专业领域设计、创新的能力。

知识链接

一、铸件线收缩率

铸件线收缩率是铸件从线收缩起始温度冷却至室温时，线尺寸的相对收缩量。

铸件线收缩率以模样与铸件的长度差占模样长度的百分率表示：

$$\varepsilon = (A - B)/A \times 100\%$$

式中　ε——铸件线收缩率；

　　A、B——同一尺寸分别在模样和铸件上的长度。

铸件线收缩率 ε 是考虑了各种影响因素之后的铸件的实际收缩率，它不仅与铸造金属的收缩率和线收缩起始温度有关，而且还与铸件结构、铸型种类、浇冒口系统结构、砂型和砂芯的退让性等因素有关。

影响铸件线收缩率的主要因素是铸件的结构复杂程度和尺寸的大小。简单厚实的铸件，其铸件线收缩率要比结构复杂铸件的大。结构复杂或壁厚不均的铸件，其各部分冷却速度不同，互相制约，使铸件不能自由收缩，铸件线收缩率一般较小，且各个方向的收缩率不一样。细长铸件沿长度方向阻碍收缩的型壁阻力较大，铸件线收缩率比沿其他方向的小；砂芯越多，铸件线收缩阻力越大，铸件线收缩率越小；用退让性好的型（芯）砂（如树脂砂）造的型（芯），对铸件的收缩阻力较小，铸件线收缩率较大；湿型比干型收缩阻力小，故湿型的铸件线收缩率一般比干型的大。

为获得尺寸精度较高的铸件，必须选取符合实际的适宜的铸件线收缩率，一般是根据铸件的重要尺寸或大部分尺寸来选取铸件线收缩率。当铸件生产批量较大时，应通过试生产来检测铸件的实际尺寸，得出铸件各部分和各方向的实际线收缩率，据此修改铸件线收缩率，修正模样后，再进行大批量生产。单件小批量生产时，对于复杂铸件，应根据铸件在不同方向的尺寸，凭经验对不同方向选用不同的铸件线收缩率；或者采用同一铸件线收缩率，但对次要尺寸用工艺补正量或加工余量予以调整。

表 3 – 12 所示为各种铸铁件的铸件线收缩率。

表 3 – 12　各种铸铁件的铸件线收缩率

铸件的种类		铸件线收缩率（%）	
		受阻收缩	自由收缩
灰铸铁	中小型铸件	0.8 ~ 1.0	0.9 ~ 1.1
	大中型铸件	0.7 ~ 0.9	0.8 ~ 1.0
	特大型铸件	0.6 ~ 0.8	0.7 ~ 0.9
	特殊的圆筒形铸件　长度方向	0.7 ~ 0.9	0.8 ~ 1.0
	特殊的圆筒形铸件　直径方向	0.5 ~ 0.6	0.6 ~ 0.8
球墨铸铁	珠光体球墨铸铁	0.8 ~ 1.2	1.0 ~ 1.3
	铁素体球墨铸铁	0.6 ~ 1.2	0.8 ~ 1.2
可锻铸铁	珠光体可锻铸铁	1.2 ~ 1.8	1.5 ~ 2.0
	铁素体可锻铸铁	1.0 ~ 1.3	1.2 ~ 1.5
白口铸铁		1.5	1.75

表 3 – 13 所示为湿型机器造型铸钢件线收缩率。

表 3 – 13　湿型机器造型铸钢件线收缩率

模样长度/mm	砂型阻力	铸件线收缩率（%）
≤650		2.0
650 ~ 1 850	自由收缩时	1.5
> 1 850		1.25

模样长度/mm	砂型阻力	铸件线收缩率（%）
≤500		2.0
500～1 200	受阻收缩时	1.5
1 201～1 700		1.25
>1 700		1.0

注：铸件线收缩率除受砂型阻力影响外，还应考虑铸件壁厚及结构，壁越厚则铸件线收缩率越大，反之越小。

表3－14所示为非铁合金铸件线收缩率。

表3－14　非铁合金铸件线收缩率

合金种类	铸件线收缩率（%）	
	受阻收缩	自由收缩
锡青铜	1.2	1.4
无锡青铜	1.6～1.8	2.0～2.2
锌黄铜	1.5～1.7	1.8～2.0
硅黄铜	1.6～1.7	1.7～1.8
锰黄铜	1.8～2.0	2.0～2.3
铝硅合金	0.8～1.0	1.0～1.2
铝铜合金（$\omega(Cu)=7\%～12\%$）	1.4	1.6
铝镁合金	1.0	1.3
镁合金	1.2	1.6

模样工在工作时使用的缩尺是用来度量模样尺寸的刻度尺，其分度是以普通尺的单位乘以（1＋铸件线收缩率）。

二、起模斜度

JB/T 5105—2022《铸件模样　起模斜度》规定了铸件的起模斜度。起模斜度是为了使模样容易从铸型中取出或型芯自芯盒脱出，平行于起模方向在模样或芯盒壁上的斜度。当铸件本身没有足够的结构斜度时，应在铸件设计或铸造工艺设计时给出铸件的起模斜度，以保证铸件的起模。铸件结构本身在起模方向有足够的斜度时，可不设置起模斜度。同一铸件上下两个模样的起模斜度起点，应取在分型面上同一点。

起模斜度可以采取增加铸件壁厚、增减铸件壁厚或减少铸件壁厚的方式来形成。选用原则有以下几点。

（1）在铸件的加工表面，起模斜度应采用增加铸件尺寸的形式。

（2）在铸件不与其他零件配合的非加工表面，起模斜度可采用增加铸件尺寸、增加和减少铸件尺寸或减少铸件尺寸的形式。

（3）在铸件与其他零件配合的非加工表面，起模斜度应采用减少铸件尺寸或增加和减少铸件尺寸的形式。

（4）在特殊情况下，起模斜度应由供需双方商定，起模斜度的形式及其数值应在技术文件或合同中注明。

铸件起模斜度的三种形式，如图 3－5 所示。起模斜度的表示方法有两种：一是添加起模斜度后在铸件增加或减少的尺寸；二是添加起模斜度后在铸件表面形成的倾斜角度。

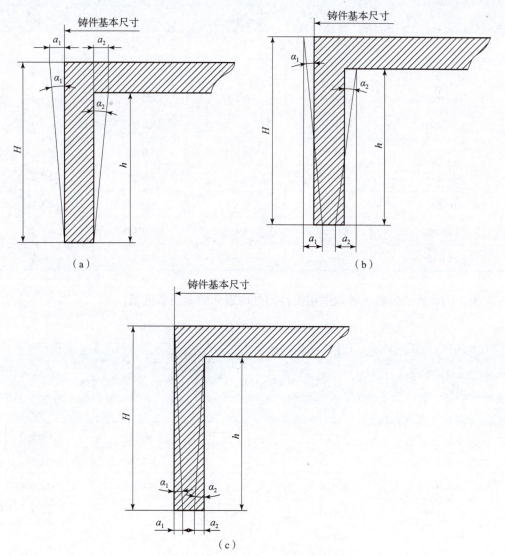

图 3－5　铸件起模斜度的三种形式

（a）增加铸件尺寸形式；（b）增加和减少铸件尺寸形式；（c）减少铸件尺寸形式

H、h—内外测量面的高度；

a_1、a_2—添加起模斜度后使铸件增加或减少的尺寸；

α_1、α_2—添加起模斜度后在铸件表面形成的倾斜角度从图 3-5 中可以看出，起模斜度的大小取决于测量面高度，测量面高度是指模样或芯盒平行于起模方向的面所形成的起模斜度的高度。测量面不包括由芯头及浇注系统等工艺因素形成的表面。

表 3-15 所示为黏土砂造型用模样外表面的起模斜度值。

表 3-15　黏土砂造型用模样外表面的起模斜度值

外测量面高度 H/mm	起模斜度			
	金属模样、塑料模样		木模样	
	α_1、α_2	a/mm	α_1、α_2	a/mm
≤10	≤2°20′	≤0.4	≤2°30′	≤0.5
10~40	≤1°10′	≤0.8	≤1°10′	≤0.8
40~100	≤0°30′	≤1.0	≤0°30′	≤1.0
100~160	≤0°25′	≤1.2	≤0°25′	≤1.2
160~250	≤0°20′	≤1.6	≤0°20′	≤1.6
250~400	≤0°20′	≤2.4	≤0°20′	≤2.4
400~630	≤0°20′	≤3.8	≤0°20′	≤3.8
630~1 000	≤0°15′	≤4.4	≤0°15′	≤4.4
>1 000	—	—	≤0°13′	≤6

表 3-16 所示为黏土砂造型用模样凹处内表面的起模斜度值。

表 3-16　黏土砂造型用模样凹处内表面的起模斜度值

内测量面高度 h/mm	起模斜度			
	金属模样、塑料模样		木模样	
	α_1、α_2	a/mm	α_1、α_2	a/mm
≤10	≤4°35′	≤0.8	≤5°0′	≤0.9
10~40	≤2°20′	≤1.6	≤2°30′	≤1.7
40~100	≤1°10′	≤2.0	≤1°10′	≤2.0
100~160	≤0°45′	≤2.2	≤0°50′	≤2.3
160~250	≤0°40′	≤3.0	≤0°40′	≤3
250~400	≤0°40′	≤4.6	≤0°40′	≤4.6
400~630	≤0°30′	≤5.5	≤0°30′	≤5.5
630~1 000	≤0°20′	≤6	≤0°20′	≤6
>1 000	—	—	—	≤6

表 3 – 17 所示为自硬砂造型用模样外表面的起模斜度值。模样凹处内表面的起模斜度值在表 3 – 17 中值的基础上增加 50% 选取。当凹处过深时，建议采用活块或砂芯。

表 3 – 17　自硬砂造型用模样外表面的起模斜度值

外测量面高度 H/mm	起模斜度			
	金属模样、塑料模样		木模样	
	α_1、α_2	a/mm	α_1、α_2	a/mm
≤10	≤3°30′	≤0.6	≤4°0′	≤0.8
10 ~ 40	≤1°50′	≤1.4	≤1°50′	≤1.4
40 ~ 100	≤0°50′	≤1.6	≤0°50′	≤1.5
100 ~ 160	≤0°35′	≤1.6	≤0°35′	≤1.6
160 ~ 250	≤0°30′	≤2.2	≤0°30′	≤2.2
250 ~ 400	≤0°30′	≤3.6	≤0°30′	≤3.6
400 ~ 630	≤0°25′	≤4.6	≤0°25′	≤4.6
630 ~ 1 000	≤0°20′	≤5.8	≤0°20′	≤5.8
1 000 ~ 1 600	—	—	≤0°14′	≤6.5
1 600 ~ 2 500	—	—	≤0°9′	≤6.5
>2 500	—	—	—	≤6.5

对于起模困难的模样，允许采用较大的起模斜度值，但不应大于上述相应表中规定值的 2 倍。当造型机工作比压为 700 kPa 以上时，也可以在 50% 以内增加表中的值。

当铸件内表面不用砂芯，而用"自来砂芯"形成时，允许其比铸件外表面有较大的斜度。随着铸造工艺设备的发展，先进的造型和制芯设备的出现，对铸件的起模斜度要求也在不断发生变化。采用树脂砂造型时，可以选取上述"自硬砂"的起模斜度。对于精度较高的机器造型，其起模斜度可适当减少。

芯头斜度是为便于准确下芯、起模和脱芯，在芯头和芯座部位做出的斜度，其取值可参考表 3 – 15 ~ 表 3 – 17。

三、阀壳的铸造工艺参数（二）

对于图 1 – 1 所示的阀壳，查表 3 – 12 可得，中小型的灰铸铁件受阻收缩时的线收缩率为 0.8% ~ 1.0%，自由收缩时的线收缩率为 0.9% ~ 1.1%。选择阀壳的铸件线收缩率为 0.9%。

考虑浇注位置、分型面，阀壳金属模样，需要设计起模斜度的位置如图 3 – 6 所示。

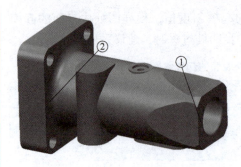

图 3 – 6 设计起模斜度的位置

设计选择增加铸件厚度法。图 3 – 6 中各处的斜度值如表 3 – 18 所示。

表 3 – 18 阀壳的主要起模斜度设计数值

图 3 – 6 所示斜度位置	测量面高度 h/mm	起模斜度 α
①	34	1°
②	60	0°30′
③	60	0°30′

任务实施

一、个人任务工单

1. 描述铸件线收缩率的概念。阐述如何确定铸件线收缩率的大小。

2. 描述起模斜度的概念。阐述如何确定起模斜度的大小。

3. 描述芯头斜度的概念。阐述如何确定芯头斜度的大小。

二、团队任务工单

1. 教师将学生分成几个小组，分别完成下面一个或几个题目，并组织讨论。

（1）学习 JB/T 5105—2022《铸件模样　起模斜度》全文。

（2）查阅 JB/T 13621—2018《铸造模　技术条件》、JB/T 12645—2016《金属型铸造模 技术条件》。

（3）学习 JB/T 5106—1991《铸件模样型芯头 基本尺寸》全文。

2. 每一组推荐一名学生进行汇报，交流讨论，并再次总结自己的收获与经验。

任务评价与反思

序号	评价内容	分值	得分
1	确定铸件的铸件线收缩率、起模斜度、芯头斜度等铸造工艺参数的数值步骤	20	
2	能够用红蓝铅笔在图纸上表达机械铸件线收缩率、起模斜度、芯头斜度	25	
3	能够识读铸件的铸件线收缩率、起模斜度、芯头斜度等铸造工艺参数，并评审它们是否合适	20	
4	练习绘制全部铸造工艺符号	15	
5	能够说出砂型铸造模/热砂芯铸造模/冷砂芯铸造模/人工制芯铸造模的基本结构	10	
6	能够说出低压铸造金属型铸造模/重力铸造上下开模金属型铸造模/重力铸造左右开模金属型铸造模结构/重力铸造水平开模金属型铸造的结构	10	
	合计	100	
	出现的问题	解决措施	

知识拓展

1. JB/T 5105—2022《铸件模样 起模斜度》

该标准规定了铸件模样起模斜度的术语和定义、形式、选用及表示方法，基本参数及选取方法，适用于砂型铸造所用的木模样、金属模样及塑料模样的起模斜度的选取。其他铸造方法用模样的起模斜度的选取可参照使用。

JB/T 5105—2022《铸件模样 起模斜度》

2. JB/T 13621—2018《铸造模 技术条件》

该标准规定了铸造模的要求、检验、验收、标志、包装、运输和贮存，包括金属型铸造模、砂型铸造模、热砂芯铸造模、冷砂芯铸造模、人工制芯铸造模等。

JB/T 13621—2018《铸造模 技术条件》

3. JB/T 12645—2016《金属型铸造模 技术条件》

该标准规定了金属型铸造模的要求、检验、验收、标志、包装、运输和贮存。

JB/T 12645—2016《金属型铸造模 技术条件》

4. JB/T 5106—1991《铸件模样型芯头 基本尺寸》

该标准规定了铸件模样用型芯头的基本尺寸和定位形式，适用于砂型铸造（机器造型或手工造型）的湿型、干型、树脂砂和水玻璃砂等自硬砂型用木模样、金属模样和塑料模样。

JB/T 5106—1991《铸件模样型芯头 基本尺寸》

任务三 设计铸造工艺参数（三）

任务描述

为阀壳确定最小铸出孔槽、设计铸筋等铸造工艺参数。

学习目标

1. 知识目标

（1）掌握铸造工艺参数的概念。

（2）掌握确定最小铸出孔槽、设计铸筋等铸造工艺参数的方法。

2. 能力目标

（1）能够确定需要设计铸造工艺参数的位置。

（2）能够确定最小铸出孔槽、设计铸筋等铸造工艺参数的方法。

（3）能够根据环保要求，改善铸造工艺参数的数值。

3. 素养目标

（1）具有较强的运用工程科学及系统思维的能力。

（2）能够熟练运用相关工具技术与理论解决工程问题。

（3）具备结合本专业特性开展专业领域设计、创新的能力。

知识链接

一、最小铸出孔和槽

机械零件上往往有很多孔、槽和台阶，一般应尽可能在铸造时铸出。这样既可节约金属、减少机械加工的工作量、降低成本，又可使铸件壁厚比较均匀，减少形成缩孔、缩松等铸造缺陷的倾向。

1. 尽量铸出的孔槽

（1）贵金属、难加工材料的内孔一般应尽量铸出。

（2）特殊形孔，不能机加工做出的，原则上必须铸出，包括正方形孔、矩形孔、蒸汽汽路或压缩空气气路等弯曲小孔，此时可选用水溶性型芯。

（3）不加工孔槽一般情况下应尽量铸出。

2. 不铸出的孔

（1）如果孔径小于30 mm（单件、小批生产）或15 mm（成批大量生产），或者孔的高度/长度与孔的直径之比大于4时，则不便铸出，建议用机械加工方法做出。

（2）当铸件上的壁厚较厚或金属液压力较高时，使铸件产生粘砂，造成清理和机械加工困难的孔槽不便铸出。有的孔、槽必须采用复杂且难度较大的工艺措施才能铸出，而实现这些措施还不如用机械加工方法制出更为方便和经济。

（3）有时由于孔距/槽距要求很精确，铸出的孔槽如有偏心，很难保证加工精度。此时，孔槽不铸出。

（4）凹槽、台阶和胖肚形孔如图 3 - 7 所示。当 $t \leqslant 10$ mm、$b \leqslant 20$ mm 时，一般不予铸出，而是做成实心或圆筒状，待后续加工成需要的形状。

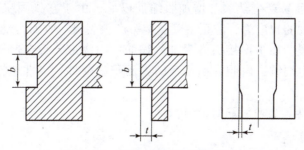

图 3 - 7 凹槽、台阶和胖肚形孔

最小铸出孔和槽的尺寸与铸件的生产批量、合金种类、铸件大小、孔处铸件壁厚、孔的长度和直径有关。因此，在确定零件上的孔和槽是否铸出时，必须既考虑铸出这些孔或槽的可能性，又考虑铸出这些孔或槽的必要性和经济性。表3-19所示为灰铸铁不铸出孔直径的参考值。

表3-19　灰铸铁不铸出孔直径

生产批量	不铸出孔直径/mm
大量生产	12～15
成批生产	15～30
单件或小批量生产	30～50

JB/T 2435—2013《铸造工艺符号及表示方法》规定，不铸出的孔和槽用红线打叉，如图3-8所示。

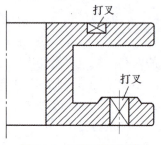

图3-8　不铸出孔和槽

二、铸筋

铸造工艺筋又称铸筋，是由于铸造工艺的需要在铸件上增设的筋条，一般在加工前除去。根据作用，其可分为防裂筋、防变形筋和加强筋等。防裂筋用来防止铸件产生热裂，又称收缩筋。防变形筋用来防止铸件产生变形，又称拉筋。加强筋是与铸件表面垂直，用来加固铸件并与铸件铸成一体的薄片。

1. 收缩筋

收缩筋用来防止铸件产生热裂，在铸件清理浇冒口时一起去除。

铸件在凝固收缩时，由于受砂型和砂芯的阻碍，在受拉应力的壁上（一般为主壁）或在接头处容易产生热裂。增加收缩筋以后，由于它凝固快，强度建立较早，故铸件能承受较大的拉应力，防止主壁及接头产生裂纹。收缩时受阻力的薄壁铸件，为了避免产生热裂，在T形接头处常加收缩筋；内浇道开设在薄壁上时，一般也加收缩筋以防止产生裂纹；内腔容积很大的大面积薄壁件，也常加收缩筋以防止铸件产生裂纹。

图3-9所示为设置收缩筋的示例。

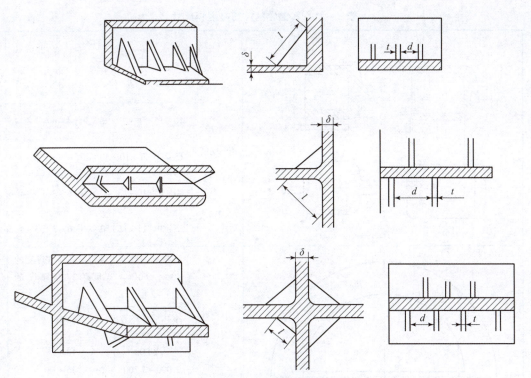

图 3 – 9　收缩筋的设置

表 3 – 20 所示为图 3 – 9 所示收缩筋的尺寸。

表 3 – 20　图 3 – 9 中收缩筋的尺寸

壁厚	t	l	d
δ	$(1/3 \sim 1/4)\delta$	$(8 \sim 12)t$	$(15 \sim 20)t$

当造型材料退让性较好时，可以不设置收缩筋。

2. 拉筋

铸件呈半环形或 U 形时，冷却以后常发生变形。为防止变形，常在影响变形最关键的部位设置拉筋。拉筋的作用是防止铸件产生变形。中、大形铸件，在加工余量之外，另加防变形的工艺补正量。

拉筋要在热处理后才能去除。在热处理之前，拉筋会承受很大的拉应力或压应力，因此它可使铸件变形减小或能完全防止铸件变形。若在热处理之前去除拉筋，便失去了设置拉筋的作用。

铸钢件的拉筋类型和尺寸可参考表 3 – 21。

表 3-21　铸钢件的拉筋类型和尺寸

	a	I		II	
		ϕ	S	δ	w
小型 铸钢件/mm	10～15	5～7	20～30	4～6	$(3～4)\delta$
	15～20	7～10	30～40	4～6	$(3～4)\delta$
	20～25	10～13	40～50	6～8	$(3～4)\delta$
	25～30	13～15	50～60	6～8	$(3～4)\delta$
中大型 铸钢件/mm	拉筋的厚度为设拉筋处铸件厚度的 40%～60%，宽度为拉筋厚度的 1.5～2 倍				
	半环形外径 D		补正量 C		
	<2 000		10～15		
	2 000～3 200		15～18		
	>3 200		18～22		

　　JB/T 2435—2013《铸造工艺符号及表示方法》规定，拉筋、收缩筋用红色线表示，注明各部分尺寸，并写出"拉筋"或"收缩筋"字样，如图 3-10 所示。

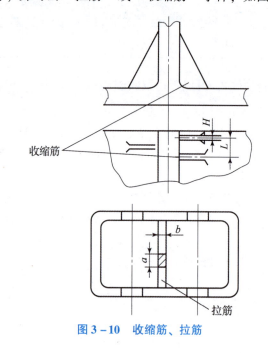

图 3-10　收缩筋、拉筋

三、阀壳零件的铸造工艺参数（三）

图 1 - 1 所示的阀壳铸件采用大批量生产，孔径小于 30 mm 的孔不铸出，用工艺符号标注，如图 3 - 11 所示。

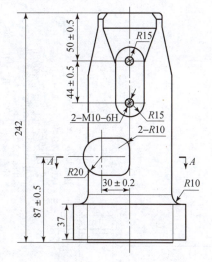

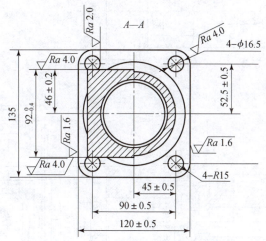

图 3 - 11　阀壳的最小铸出孔和槽

阀壳不需要设计加强筋。

完成以上设计的阀壳铸件图，分别如图 3 - 12（三维图）、图 3 - 13（二维图）所示。

图 3 - 12　阀壳铸件图（三维图）

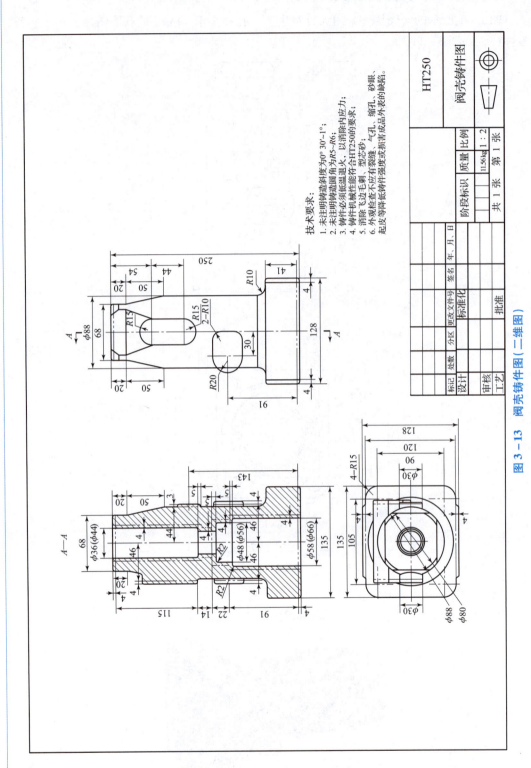

图 3-13 阀壳铸件图（二维图）

技术要求：
1. 未注明铸造斜度为0°30′~1°；
2. 未注明铸造圆角圆角为R5~R6；
3. 铸件必须低温退火，以消除内应力；
4. 铸件机械性能符合HT250的要求；
5. 消除飞边毛刺、型芯砂；
6. 外观检查不应有裂缝、气孔、缩孔、砂眼、起皮等降低铸件强度或损害成品外表的缺陷。

HT250

阀壳铸件图

质量 11.56kg 比例 1:2

共 1 张 第 1 张

 **任务实施**

一、个人任务工单

1. 描述最小铸出孔和槽的概念。阐述如何确定铸件上的孔和槽是否铸出。

_____

_____

2. 描述铸筋的概念。阐述如何确定铸筋的位置和尺寸。

_____

_____

二、团队任务工单

1. 教师将学生分成几个小组，分别完成下面一个或几个题目，并组织讨论。

（1）深入学习 GB/T 5611—2017《铸造术语》

（2）深入学习 JB/T 2435—2013《铸造工艺符号及表示方法》，用红蓝铅笔在零件图上绘制工艺符号。

（3）查阅 GB/T 9443—2019《铸钢铸铁件　渗透检测》的内容。

2. 每一组推荐一名学生进行汇报，交流讨论，并再次总结自己的收获与经验。

任务评价与反思

序号	评价内容	分值	得分
1	确定铸件的最小铸出孔槽的方法	15	
2	设计铸筋的步骤和方法	15	
3	能够识读铸件的最小铸出孔槽、铸筋等铸造工艺参数，并评审它们是否合适	15	
4	练习绘制全部铸造工艺符号	15	
5	能够描述铸钢件渗透检测的条件、检测方法、验收的要点	20	
6	能够说出浇注、点冒口、浇包、压铁、造型材料、原砂、旧砂、回用砂、再生砂、废砂的概念	20	
合计		100	
出现的问题		解决措施	

知识拓展

1. 铸钢铸铁件的渗透检测

渗透检测技术以毛细管作用原理为基础，主要用来检测非疏孔性金属或非金属零部件的表面开口缺陷。检测时，清洗铸件表面，将溶有色料的渗透液施加到零部件表面，由于毛细管作用，渗透液渗入细小的表面开口缺陷中，在显像剂下缺陷中的渗透液在毛细现象的作用下被重新吸附到零件表面，就形成放大了的缺陷显示。

GB/T 9443—2019《铸钢铸铁件 渗透检测》规定了铸钢铸铁件渗透检测的一般要求、验收准则、显示的分级和评定、复验、检测记录和报告等，适用于铸钢铸铁件表面开口缺陷的渗透检测。

GB/T 9443—2019《铸钢铸铁件 渗透检测》

任务四 设计铸造工艺参数（四）

任务描述

为阀壳选择非加工壁厚的负余量、反变形量、工艺补正量、分型负数等铸造工艺参数，并在图纸上正确绘制。

学习目标

1. 知识目标

（1）掌握铸造工艺参数的概念。

（2）掌握确定非加工壁厚的负余量、反变形量、工艺补正量、分型负数等铸造工艺参数数值的方法。

2. 能力目标

（1）能够确定需要设计铸造工艺参数的位置。

（2）能够确定加工壁厚的负余量、反变形量、工艺补正量、分型负数等铸造工艺参数的数值。

（3）能够根据环保要求，改善铸造工艺参数的数值。

3. 素养目标

（1）具有较强的运用工程科学及系统思维的能力

（2）能够熟练运用相关工具技术与理论解决工程问题。

（3）具备结合本专业特性开展专业领域设计、创新的能力。

一、非加工壁厚的负余量

在手工造型和制芯时，为了起模和起芯方便，需要敲动模样和芯盒内的肋板，以及由于木质模样和肋板吸潮而引起的膨胀，这都会造成铸件非加工壁的厚度增加，致使铸件尺寸超差和质量超重。为了保证铸件尺寸准确，对形成铸件非加工面壁厚的木质模样、肋板的尺寸应予以减小，即小于图样上的尺寸，所减少的尺寸称为非加工壁厚的负余量。

表 3 – 22 所示为手工造型、制芯时，铸件非加工壁厚的负余量推荐值。

表 3 – 22 铸件非加工壁厚的负余量推荐值

铸件质量/kg	铸件壁厚/mm								
	8 ~ 10	11 ~ 15	16 ~ 20	21 ~ 30	31 ~ 40	41 ~ 50	51 ~ 60	61 ~ 80	81 ~ 100
≤50	− 0.5	− 0.5	− 1.0	− 1.5	—	—	—	—	—
51 ~ 100	− 1.0	− 1.0	− 1.0	− 1.5	− 2.0	—	—	—	—
101 ~ 250	− 1.0	− 1.5	− 1.5	− 2.0	− 2.0	− 2.5	—	—	—
251 ~ 500	—	− 1.5	− 1.5	− 2.0	− 2.5	− 2.5	− 3.0	—	—
501 ~ 1 000	—	—	− 2.0	− 2.5	− 2.5	− 3.0	− 3.5	− 4.0	− 4.5
1 001 ~ 3 000	—	—	− 2.0	− 2.5	− 3.0	− 3.5	− 4.0	− 4.5	− 4.5
3 001 ~ 5 000	—	—	—	− 3.0	− 3.0	− 3.5	− 4.0	− 4.5	− 5.0
5 001 ~ 10 000	—	—	—	− 3.0	− 3.5	− 4.0	− 4.5	− 5.0	− 5.5
>10 000	—	—	—	—	− 4.0	− 4.5	− 5.0	− 5.5	− 6.0

在确定铸件线收缩率时，如果已经考虑了负余量的因素，就不用另作考虑了。

二、反变形量

由于铸件壁厚不均匀或结构的原因，铸件各部分凝固、冷却速度不同，引起收缩不一致，因此铸件中存在着铸造应力和残余应力，使铸件产生挠曲变形。在制造模样时，要按铸件可能产生变形的相反方向做出反变形量，使铸件冷却后变形的结果基本将其抵消，得到符合图样要求的铸件。这种在制造模样时预先做出的变形量称为反变形量。

反变形量的大小与铸件尺寸、结构、壁厚差和造型材料的退让性等有关。壁厚越不均匀，长度越大，高度越小，则变形越大。反变形量的大小，一般是根据实际生产经验来确定的。至于变形量的数值与相关因素的定量关系，可运用计算机模拟计算铸件在凝固和冷却过程中变形量，进而确定反变形量。

表 3 – 23 所示为箱型铸件的反变形量大小的经验参考值。

表 3 – 23　箱型铸件的反变形量大小的经验参考值

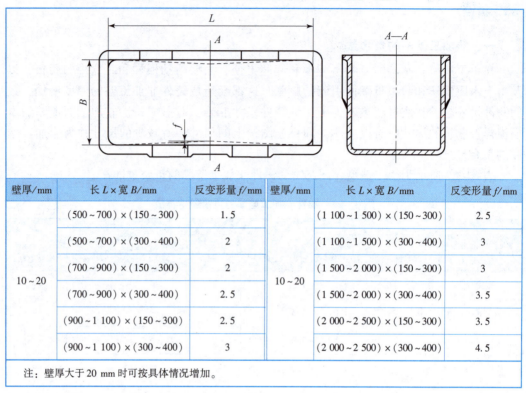

壁厚/mm	长 L×宽 B/mm	反变形量 f/mm	壁厚/mm	长 L×宽 B/mm	反变形量 f/mm
10 ~ 20	(500 ~ 700) × (150 ~ 300)	1.5	10 ~ 20	(1 100 ~ 1 500) × (150 ~ 300)	2.5
	(500 ~ 700) × (300 ~ 400)	2		(1 100 ~ 1 500) × (300 ~ 400)	3
	(700 ~ 900) × (150 ~ 300)	2		(1 500 ~ 2 000) × (150 ~ 300)	3
	(700 ~ 900) × (300 ~ 400)	2.5		(1 500 ~ 2 000) × (300 ~ 400)	3.5
	(900 ~ 1 100) × (150 ~ 300)	2.5		(2 000 ~ 2 500) × (150 ~ 300)	3.5
	(900 ~ 1 100) × (300 ~ 400)	3		(2 000 ~ 2 500) × (300 ~ 400)	4.5

注：壁厚大于 20 mm 时可按具体情况增加。

可以根据经验调整不同部位的缩尺、加工余量大小以防止变形。设置工艺筋也可防止铸件收缩变形。

JB/T 2435—2013《铸造工艺符号及表示方法》规定，反变形量用红色双点划线表示，并注明反变形量的数值，如图 3 – 14 所示的 H、L。

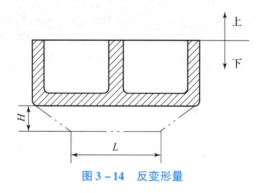

图 3 – 14　反变形量

三、工艺补正量

工艺补正量是用来防止铸件局部尺寸由于各种工艺因素（例如，铸件线收缩率选用值和实际值不符、铸件变形、有规律的操作偏差等）的影响而超差，在铸件相应部位非加工面上增加的金属层厚度。在生产中，选取的铸件线收缩率大于铸件实际线收缩率造成的铸件加工后壁厚小于图样规定的尺寸，可采取在铸件背面非加工面上加工艺补正量，来保证铸件加工后壁厚不超差。另外，铸件局部厚实部位由于胀箱而产生的尺寸增厚，可通过加放负工艺补正量予以调整。

工艺补正量的数值与铸件的结构、壁厚、浇注位置及造型材料种类等有关。工艺补正量一般需在生产实践中摸索确定。

表 3 - 24 所示为铸铁齿轮的工艺补正量。

表 3 - 24　铸铁齿轮的工艺补正量

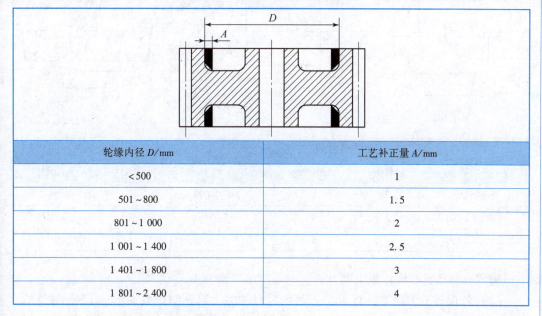

轮缘内径 D/mm	工艺补正量 A/mm
< 500	1
501 ~ 800	1.5
801 ~ 1 000	2
1 001 ~ 1 400	2.5
1 401 ~ 1 800	3
1 801 ~ 2 400	4

JB/T 2435—2013《铸造工艺符号及表示方法》规定，工艺补正量用红色线表示，并注明正、负工艺补正量的数值，如图 3 - 15 所示。

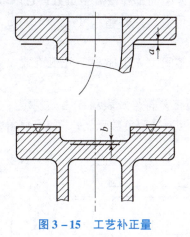

图 3 - 15　工艺补正量

四、分型负数

造型时，由于起模后的修型和烘干过程中砂型的变形引起分型面凸凹不平，合型不严密，因此为防止浇注时从分型面跑火，合型时需在分型面上放耐火泥务或石棉绳，这就增加了型腔的高度。另外，由于砂型的反弹也可造成型腔高度尺寸的增加，因此为了保证铸件尺寸符合图样要求，在模样上必须减去相应的高度数值。

为了抵消铸件在分型面部位的增厚，在模样上相应减去的尺寸称为分型负数。分型负数的值可参考表 3-25。

表 3-25　模样的分型负数

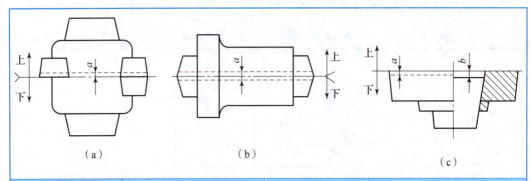

（a）　　　　　　　（b）　　　　　　　（c）

砂箱高度/mm	分型负数 a		砂箱高度/mm	分型负数 a	
	干型	表干型		干型	表干型
≤1 000	2	1	3 501~5 000	5	4
1 001~2 000	3	2	>5 000	7	6
2 001~3 500	4	3			

确定分型负数时要注意下列几点。

（1）若模样分为两半，且上、下两半是对称的，则分型负数在上、下两半模样上各取一半（如表 3-25 图（b）所示）；否则，分型负数应在上模样上取（如表 3-25 图（a）所示）。

（2）多箱造型时，每个分型面都要留分型负数，且以每个砂箱高度为依据。

（3）湿型一般不留分型负数，但砂箱尺寸大于 2 m 时，也留分型负数，其值应比表 3-25 中的数值小。

（4）处在分型面上的砂芯间隙 b 不能小于分型负数 a（如表 3-25 图（c）所示，即 $b \geq a$）。

JB/T 2435—2013《铸造工艺符号及表示方法》规定，分型负数用红色线表示，并注明减量数值。图 3-16 所示为分型负数示例。图 3-16 中，表示在上下型都设置有分型负数，数值分别为 $a/2$。

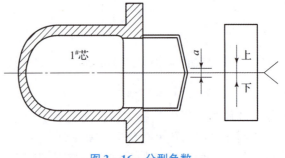

图 3-16　分型负数

五、阀壳零件的铸造工艺参数（四）

对于图 1 – 1 所示的阀壳，不需要设计非加工壁厚的负余量、反变形量、工艺补正量、分型负数等参数。

任务实施

一、个人任务工单

1. 阐述非加工壁厚的负余量的概念，以及如何确定非加工壁厚的负余量的大小。

_____

_____

_____

2. 阐述反变形量的概念，以及如何确定反变形量的大小。

_____

_____

_____

3. 阐述工艺补正量的概念，以及如何确定工艺补正量的大小。

_____

_____

_____

4. 阐述分型负数的概念，以及如何确定分型负数的大小。

_____

_____

_____

_____

二、团队任务工单

1. 教师将学生分成几个小组，分别完成下面一个或几个题目，并组织讨论。

（1）讨论：非加工壁厚的负余量、反变形量、工艺补正量、分型负数的大小是正数还是负数？用红蓝铅笔在工艺图上表达以上内容。

（2）查阅 GB/T 41972—2022《铸铁件铸造缺陷分类及命名》。

（3）讨论：铸造生产现场，若操作不当，可能产生哪些影响铸件质量（尺寸）的后果？

（4）查阅铸造缺陷分析及防止类的论文。

2. 每一组推荐一名学生进行汇报，交流讨论，并再次总结自己的收获与经验。

任务评价与反思

序号	评价内容	分值	得分
1	能够描述铸件的加工壁厚的负余量、反变形量、工艺补正量、分型负数的概念	15	
2	掌握铸件的加工壁厚的负余量、反变形量、工艺补正量、分型负数的数值确定方法及其在工艺图上的表达	25	
3	能够识读铸件的加工壁厚的负余量、反变形量、工艺补正量、分型负数等铸造工艺参数，并评审它们是否合适	20	
4	能够描述铸造缺陷编码规则、七类铸造缺陷的名称	10	
5	阅读铸件缺陷类论文，在小组简要发言：描述缺陷现象、分析缺陷成因及采取的防止措施	15	
6	在小组讨论并简要发言：铸造生产现场，若操作不当，可能产生哪些影响铸件质量（尺寸）的后果	15	
合计		100	

出现的问题	解决措施

知识拓展

1. 铸铁件的缺陷

缺陷铸件是指不符合验收条件的铸件。废品是指不能修补使用的缺陷铸件。

GB/T 41972—2022《铸铁件　铸造缺陷分类及命名》给出了铸铁件铸造缺陷的编码规则及编码结构、结构分类、缺陷名称及缺陷特征说明，适用于砂型铸造的铸铁件。供其他铸造方法生产的铸铁件参考。铸铁缺陷采用四层编码方法，即类、分组、子组、具体缺陷四级。缺陷大类分为七类：A 多肉类缺陷、B 孔洞类缺陷、C 裂纹冷隔类缺陷、D 表面缺陷、E 残缺类缺陷、F 尺寸或形状差错类缺陷、G 夹杂或组织异常。

GB/T 41972—2022《铸铁件铸造缺陷分类及命名》

2. 论文收录期刊

目前，我国中文论文主要收录在知网、维普、万方等平台。通过单一或组合地查询作者、机构、主题等可以获取需要的论文。

中国知网查询论文的网址是 https：//www. cnki. net。

维普网的高级检索功能的网址是 http：//www. cqvip. com/advancesearch。

万方数据库的网址是 https：//www. wanfangdata. com. cn。

任务五　设计铸造工艺参数（五）

任务描述

为阀壳选择浇注温度和出炉温度、落砂和松箱等铸造工艺参数，并在图纸上写入"工艺要求"。

学习目标

1. 知识目标

（1）掌握铸造工艺参数的概念。

（2）掌握确定铸造工艺参数数值的方法。

2. 能力目标

（1）能够确定浇注温度和出炉温度、落砂和松箱等铸造工艺参数的数值。

（2）能够根据环保要求，改善铸造工艺参数的数值。

3. 素养目标

（1）具有社会责任感和工程职业道德。

（2）在工程实践中能够分析、评价和综合考虑社会、健康、安全、法律、文化、伦理、政策、环境和持续发展等制约因素的影响。

（3）具备结合本专业特性开展专业领域设计、创新的能力。

知识链接

一、浇注温度和出炉温度

1. 浇注温度

金属液浇入铸型时的温度称为浇注温度。

合适的浇注温度对于保证铸件质量有重要意义。浇注温度过高，铸件收缩增大，容易使铸件产生缩孔或缩松、热裂和脱碳，同时还会引起金属的氧化、粘砂及晶粒粗大等缺陷。浇注温度过低，金属液流动性差，充填型腔能力降低，易产生冷隔、浇不足、夹渣和疏松等缺陷。一般在保证铸件质量的前提下，浇注温度应该略低一些。

2. 出炉温度

金属液从熔炼炉流入浇包时的温度称为出炉温度。确定出炉温度时要综合考虑浇包容量、浇注铸型的数量、铸件大小、金属液在浇包内停留的时间、出炉温度损失、浇注温度等因素。即出炉温度为合金的液相点、过热度、运输和转包过程中产生的温度降、金属液处理过程中的温度降、浇注期间产生的温度降等之和。

部分铸铁的出炉温度和浇注温度可参考表 3-26。

表 3-26　部分铸铁的出炉温度和浇注温度

铸铁名称	铸件主要壁厚/mm	出炉温度/℃	浇注温度/℃
HT100	所有尺寸	1 370 ~ 1 390	1 320 ~ 1 390
HT150	4 ~ 8	1 440	1 370 ~ 1 420
	8 ~ 15	1 440	1 350 ~ 1 420
	15 ~ 30	1 430	1 330 ~ 1 420
	30 ~ 50	1 420	1 310 ~ 1 380
	50	1 420	1 250 ~ 1 340
HT250	8 ~ 15	1 470	1 390 ~ 1 450
	15 ~ 30	1 460	1 370 ~ 1 440
	30 ~ 50	1 430	1 350 ~ 1 430
	>50	1 420	1 270 ~ 1 360
HT350	15 ~ 30	1 500	1 420 ~ 1 480
	30 ~ 50	1 490	1 400 ~ 1 460
	50	1 480	1 300 ~ 1 400
球墨铸铁	4 ~ 15	1 480	1 360 ~ 1 440
	15 ~ 35	1 470	1 350 ~ 1 430
	35	1 460	1 340 ~ 1 420

通常情况下，铸钢的浇注温度为 1 520 ~ 1 620 ℃，普通碳钢偏下限，高合金钢偏上限。

铝合金的浇注温度为 680 ~ 780 ℃。常用的 ZL101、ZL104 等含镁的铝合金，夏季时浇注温度为 690 ~ 710 ℃，冬季时浇注温度为 700 ~ 720 ℃，温度过高容易使合金中的镁成分流失。对于不含镁的铝合金，夏季时浇注温度为 690 ~ 730 ℃，冬季时浇注温度为 700 ~ 740 ℃，温度过高会使铝合金中增加吸气量，在砂型铸造时极易产生气孔缺陷。

浇注速度是金属液由内浇道进入型腔的质量流速，单位为 kg/s。浇注速度方面，应高温慢浇、低温快浇。通常上注比下注快。对于黏度大、易氧化的金属液，应采用较大的浇注速度，也可采用较大的浇口直径。下注时，开浇不宜过猛或过小，不得喷溅或大翻，减速、加速都要均匀。

二、落砂和松箱

1. 松箱

松箱是在浇注后适当时间内将砂箱的紧固螺栓松开，必要时还应将冒口附近的砂子挖掉，以免阻碍铸件收缩。很多铸件浇注后要适时松箱、去除压铁，这样可以减少铸件的收缩应力，有助于减少热裂。

松箱不宜过早，过早会导致铸件变形，还可能引起抬型跑火。对于中小型铸件，浇注后 5～20 min 内可以去除压铁或松开箱卡；对于大型铸件，按工艺规定解除砂箱紧固装置。中大型铸钢件浇注后去压铁的时间如表 3-27 所示。

表 3-27　中大型铸钢件浇注后去压铁时间

铸件壁厚/mm	去压铁时间/min	铸件壁厚/mm	去压铁时间/min
≤40	10～15	150～300	40～60
40～80	15～25	300	60～120
80～150	25～40		

注：1. 铸件壁厚不均、有局部厚大处，或铸件在上型的部分较多时，适当延长去除压铁时间。
　　2. 要补浇冒口的铸件，按浇满冒口后计算时间。

2. 落砂

落砂又称打箱，是指用手工或机械方法使铸件和型（芯）砂分离的操作过程，可带砂箱落砂或在捅型后再落砂。落砂时间是指砂型浇注后直至落砂的时间，通常等于铸件的型冷时间。铸件适于开箱和落砂的温度称为落砂温度，落砂温度取决于铸件的大小、质量、复杂程度和合金类别。实际生产中，往往通过铸件的型冷时间来控制落砂温度。

浇注后，铸件在铸型中的冷却时间称为型冷时间。型冷时间取决于铸件落砂温度，应根据铸件质量、壁厚、复杂程度、合金类别并参考经验数据确定。

为防止铸件在浇注后因冷却过快产生变形、裂纹等缺陷，并保证铸件在清砂时有足够的强度和韧性，铸件在型内应该有足够的冷却时间，如因为铸件结构性能或生产周期等原因，需要提前开型，出型铸件也宜埋置于干燥的热砂中或置于保温炉中缓慢冷却到足够低的温度时才能进行落砂。

铸件的型冷时间与铸件的质量、壁厚、复杂程度、合金种类和铸型性质等多种因素有关。通常根据生产经验来确定铸件的型冷时间或出型温度。一般钢铁铸件的出型温度在 400～500 ℃，复杂的大型铸钢件的出型温度在 200～300 ℃。地面浇注，中小型铸铁件的型冷时间如表 3-28 所示。

表 3 – 28　中小型铸铁件的型冷时间

铸件质量/kg	≤5	5~10	10~30	30~50
铸件壁厚/mm	<8	<12	<18	<25
型冷时间/min	20~30	25~40	30~60	50~100
铸件质量/kg	50~100	100~250	250~500	500~1 000
铸件壁厚/mm	<30	<40	<50	<60
型冷时间/min	80~160	120~300	240~600	480~720

三、阀壳的铸造工艺参数（五）

查阅行业经验数据表格，阀壳的灰铸铁出炉温度为 1 420~1 440 ℃，浇注温度为 1 380~1 400 ℃。浇注后 10 min 去除压铁，打箱时间 30 min。

用红笔在图纸上，将这些参数写入"工艺要求"。

任务实施

一、个人任务工单

1. 阐述浇注温度、出炉温度的概念，以及如何确定浇注温度、出炉温度。

_____

_____

_____

_____

2. 阐述落砂和松箱的概念，以及如何确定落砂和松箱的温度和时间。

_____

_____

_____

_____

二、团队任务工单

1. 教师将学生分成几个小组，分别完成下面一个或几个题目，并组织发言讨论。

（1）查阅资料，在出炉前、浇注前，熔炼工部如何测量金属液温度？

（2）熔炼生产中，一拖二中频感应炉是指什么？

（3）查阅 GB/T 5612—2008《铸铁牌号表示方法》。

（4）查阅 GB 20905—2007《铸造机械　安全要求》。

2. 每一组推荐一名学生进行汇报，并交流讨论、再次总结自己的收获与经验。

任务评价与反思

序号	评价内容	分值	得分
1	能够描述铸件的浇注温度和出炉温度、落砂和松箱的概念	15	
2	掌握确定铸件的浇注温度和出炉温度、落砂和松箱数值的方法及其在工艺图上的表达	25	
3	能够评审铸件的浇注温度和出炉温度、落砂和松箱等铸造工艺参数是否合适	20	
4	能够准确描述一拖二中频感应熔炼炉的特性及注意事项	10	
5	能够描述铸铁代号、以化学成分表示及以力学性能表示的铸铁牌号规定。能够识别典型的铸铁牌号	15	
6	能够描述铸造机械的一般要求、安全防护装置的要求、对操作机构的要求	15	
合计		100	

出现的问题	解决措施

知识拓展

1. 铸造机械的安全要求

GB 20905—2007《铸造机械 安全要求》规定了铸造机械设计和制造所应遵守的安全要求。其包括一般要求，安全防护装置的要求，安全装置，对操作机构的要求，对运动部件的要求，对制动保险装置的要求，对夹紧装置的要求，对液压、气动装置及管路和压力容器的要求，对润滑、水冷和其他系统的要求，以及对工作平台、梯子及栏杆的要求，维修对结构的要求，环境、劳动卫生和局部照明的要求等。其还包括安全标志与指示、使用说明书等。

GB 20905—2007《铸造机械 安全要求》

模块四　设计砂芯

任务一 砂芯分类和设计的基本原则

大国工匠 4

任务描述

为阀壳设计砂芯。

学习目标

1. 知识目标

（1）掌握砂芯设计的分类。
（2）掌握砂芯设计的基本原则。

2. 能力目标

（1）能够根据铸件的结构合理地设计砂芯。
（2）能够根据砂芯设计的基本原则设计砂芯。

3. 素养目标

（1）具有社会责任感和工程职业道德。
（2）综合考虑社会、健康、安全、法律、文化、伦理、政策、环境和持续发展等制约因素的影响。
（3）具备结合本专业特性开展专业领域设计、创新的能力。

知识链接

型芯又称芯、芯子，是为了获得铸件的内孔或局部外形，用芯砂或其他材料制成的，安放在型腔内部的铸型组元。砂芯是在芯盒内用芯砂制成的型芯。预置芯是在造型之前放在模样适当位置的型芯。

砂芯的本体部分形状是由铸件决定的，但是砂芯本体是整体制造，还是分块制造，以及如何分块，影响着铸造工艺的复杂程度和成本。芯头是模样上的突出部分，在型内形成芯座并放置芯头，或者是型芯的外伸部分，不形成铸件轮廓，只是落入芯座内，用来定位和支承型芯。

砂芯设计是铸造工艺设计内容之一，包括：确定砂芯形状、分块线、分芯负数、芯头间隙、压紧环（封火环）、防压环、集砂槽、芯头型式及有关尺寸；标出分芯负数；根据作用在芯头上的质量和浮力，验算芯头尺寸（承压面积）；设计芯撑、芯骨；考虑制芯方法及排气、黏合、装配方法等。

一、砂芯的分类

砂芯的分类方法很多，主要有以下几项。

1. 按尺寸大小分类

小砂芯，体积小于 $5 \times 10^{-3}\ \mathrm{m}^3$；中等砂芯，体积为 $5 \times 10^{-3} \sim 5 \times 10^{-2}\ \mathrm{m}^3$；大砂芯，体积大于 $5 \times 10^{-2}\ \mathrm{m}^3$。

2. 按干湿程度分类

湿芯一般用于中、小薄壁件；干芯大、中、小件均可应用；表面干芯用于中小件，对于某些不重要的大件，也可代替干芯使用。

3. 按粘结剂分类

砂芯按粘结剂分类分为黏土砂芯、水玻璃砂芯、水泥砂芯、合脂砂芯、树脂砂芯等。

4. 按制芯工艺分类

砂芯按制芯工艺分类分为常规砂芯、自硬砂芯、热芯盒砂芯、冷芯盒砂芯、壳芯等。

5. 按砂芯复杂程度分类

按复杂程度分类，砂芯可分为 5 个级别，如表 4-1 所示。

表 4-1　按砂芯复杂程度分类

砂芯级别	特点	应用
Ⅰ级砂芯	形状复杂，断面细薄，浇注后大部分被液体金属包围，在铸件里构成各种小通道。排气困难，构成不加工内腔。要求砂芯的干强度高（并有一定的韧性），流动性和溃散性好，发气量少。而对砂芯湿强度要求可低一些。其粘结剂主要是用油脂、树脂类	构成重要的不加工内腔。如飞机、汽车和拖拉机的内燃机缸盖、缸体中的水套砂芯，各种阀类的油道砂芯，以及其他同类砂芯
Ⅱ级砂芯	形状较复杂，主体部分断面稍厚，但有较细的凸缘、棱角或肋片。砂芯大部分被金属包围，但芯头稍大，构成重要的不加工或部分不加工表面。要求砂芯的干强度较高，流动性和溃散性好，而对砂芯湿强度要求可低一些。其粘结剂中可适当用一些黏土	构成重要的不加工或部分不加工表面。如汽轮机气缸盖砂芯、内燃机的进排气管砂芯、汽车气缸体的侧面气门室砂芯变量液压泵体砂芯等
Ⅲ级砂芯	一般复杂程度，没有特殊细薄面，用来形成重要的不加工表面的各种砂芯。要求砂芯的干强度、流动性和溃散性比Ⅰ、Ⅱ级砂芯低些，而对砂芯湿强度要求则比Ⅰ、Ⅱ级砂芯高，以保证砂芯在烘干前不会因自重而发生变形。其粘结剂中可适当用一些黏土	构成重要的不加工面。如水冷和空冷内燃机机体砂芯、变速箱砂芯、汽车气缸体曲轴箱砂芯、车床溜板砂芯等

续表

砂芯级别	特点	应用
IV级砂芯	一般复杂程度和不复杂的外廓砂芯，构成机械加工的内腔，同时对表面粗糙度要求不高的砂芯对砂芯要求其湿强度高，退让性好，具有一定的干强度和透气性	构成需要加工的内腔，或者虽构成不加工但对内表面无特殊要求的内腔。如车床和牛头刨床身中的砂芯、汽车前后轮毂砂芯、后桥砂芯等
V级砂芯	大型砂芯，构成大型铸件的内腔，对砂芯的要求同IV级砂芯	如大型机床的底座砂芯

二、砂芯设计的基本原则

1. 尽量减少砂芯数量

为了减少制造工时，降低铸件成本和提高其尺寸精度，对于不太复杂的铸件，应尽量减少砂芯数量。例如，图4-1（a）用砂胎形成铸件内腔，不用砂芯；图4-1（b）采用活块，可以不用砂芯；图4-1（c）合并砂芯以减少砂芯数量，还可提高铸件尺寸精度。

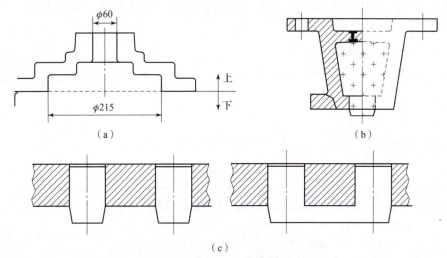

图 4-1　减少砂芯数量的示例
（a）用砂胎减少砂芯数量；（b）用活块可以不用砂芯；（c）合并砂芯以减少砂芯数量

当造型工作量大或者铸件外形复杂时，综合考虑后在造型、使用外皮芯间取舍。砂芯复杂时，若在制作砂芯时填砂、翻转芯盒和砂芯、烘芯等存在困难，则应该将复杂砂芯分块制造。

2. 选择合适的砂芯形状

砂芯形状的选择，当然首先要保证砂芯本体能制造出铸件内部或外部形状。除此之外，应使芯盒有宽敞的春砂面，便于填砂、春砂、安放芯骨和采取排气措施，特别注意要避免在填砂面上装活块，否则将影响砂芯尺寸精度。

起芯与起模斜度的大小与方向应尽量一致，以保证由砂芯和砂型之间所形成的壁厚均匀，减少披缝，同时也有利于砂芯中气体的排出。图4-2所示的阀盖砂芯，由于采用了与分型面一致的分芯面，每个砂芯的填砂面都比较大，支撑面是平面，排气方便。

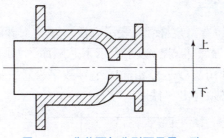

图 4 – 2　分芯面与分型面尽量一致

　　砂芯烘干支撑面是平面，便于放置在金属烘芯板上。砂芯外形高低不平，采用不同的支撑面和烘干支撑，质量结果不同。图 4 – 3（a）所示砂芯从分型面处分成两半，可以放在烘干板上烘干，烘干后再黏合在一起；图 4 – 3（b）用湿砂支撑烘干，尺寸不精确，操作也不方便；图 4 – 3（c）采用成型金属烘干器则费用较高，只适合大批量生产时专门制作。

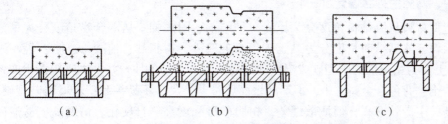

图 4 – 3　烘干砂芯的几种方法
(a) 平面烘干；(b) 湿砂支撑烘干；(c) 成型金属烘干器烘干

3. 便于下芯、合型

　　为了保证重要部位砂芯的定位，其下芯后，要留出便于检查的空间。如图 4 – 4 所示的铸件，其下部窗口位置要准确，将砂芯分成两块后，便于下芯时检验窗口型腔的尺寸，以避免整体砂芯移动的影响，从而保证窗口位置的准确。

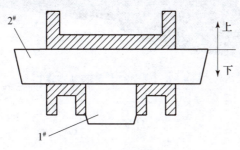

图 4 – 4　分块砂芯

4. 被分开的砂芯每段要有良好的支承和定位条件

　　在图 4 – 4 中，为了保证 1# 芯的定位，砂芯分开制作，但 1# 芯体积小、难以承受 2# 芯的质量，所以，1#、2# 芯之间留有间隙，2# 芯是放置在砂型的芯座上的。

　　实际生产中，尽量避免使用芯撑。尤其是压力容器铸件，不要采用芯撑，防止因芯撑熔合不好而造成铸件渗漏。

三、砂芯的铸造工艺符号

JB/T 2435—2013《铸造工艺符号及表示方法》规定，砂芯边界用蓝色线表示，砂芯编号用阿拉伯数字 1#、2# 等标注，数字表示下芯顺序，如图 4-5 所示。边界符号一般只在芯头及砂芯交界处用与砂芯号相同的小号数字表示，如果能表达清楚，也可以不标明砂芯边界。铁芯必须写出"铁芯"字样。

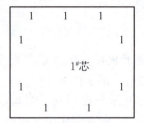

图 4-5 砂芯的工艺符号

四、阀壳的砂芯设计（一）

造型材料从原材料角度分为原砂、粘结剂、附加物；从混合物角度分为型砂、芯砂、涂料；从粘结剂角度分为黏土砂、水玻璃砂、树脂砂、油砂、合脂砂等。以黏土（膨润土）为粘结剂的干型砂或湿型砂，成本低，劳动条件较好，广泛用在生产各类铸铁、铸钢、有色合金铸件中，但产品表面质量差、尺寸不易控制；水玻璃砂型硬化快、强度高，生产效率高，但溃散性差；树脂砂型强度高、自硬化、精度高、易清砂，生产效率高，但成本高；油砂包括植物油砂和合脂砂，湿强度几乎为 0，必须采用硬化措施，硬化后强度高、表面质量好。

本铸件为小型灰铸铁件，结合企业已有的工艺经验，决定采用自硬树脂砂制芯。阀壳铸造生产中砂芯为水平砂芯（1#），采用覆膜砂，如图 4-6 所示。

图 4-6 阀壳的 1#砂芯（本体）

任务实施

一、个人任务工单

1. 砂芯设计包括哪些主要内容？

_____

_____

_____

_____

2. 阐述砂芯如何分类。

_____

_____

3. 阐述砂芯设计的基本原则。

_____

_____

4. 简述砂芯的铸造工艺符号。

_____

_____

二、团队任务工单

1. 教师将学生分成几个小组，分别完成下面一个或几个题目，并组织讨论。

（1）按砂芯复杂程度，砂芯分为几级？各自的特点和适用范围是什么？

_____

_____

（2）砂芯设计时，采取哪些措施可以减少砂芯数量？

_____

_____

（3）设置砂芯时，为什么要尽量使砂芯烘干支撑面是平面？如何实现？

_____

_____

（4）查阅 GB/T 25138—2010《检定铸造粘结剂用标准砂》。

（5）用计算机绘图软件，绘制出图 4–6 阀壳的 1#砂芯（本体）二维图并标注。

2. 每一组推荐一名学生汇报，交流讨论，并再次总结自己的收获与经验。

任务评价与反思

序号	评价内容	分值	得分
1	能够描述砂芯设计的分类、砂芯设计的基本原则	15	
2	能够根据铸件的结构和砂芯设计基本原则来设计砂芯	20	
3	能用红蓝铅笔在图纸上绘制砂芯	20	
4	能用计算机软件绘制出阀壳砂芯的二维图	20	

序号	评价内容	分值	得分
5	能够评审铸件的砂芯设计是否合理	15	
6	能够描述检定铸造粘结剂用标准砂的牌号、技术要求、检验规则	10	
	合计	100	

出现的问题	解决措施

知识拓展

1. 检定铸造粘结剂用标准砂

标准砂是指一种特定规格的专门用来检定铸造用型（芯）砂粘结强度等性能的硅砂。

GB/T 25138—2010《检定铸造粘结剂用标准砂》适用于检定铸造用粘结剂强度等性能的标准砂，规定了检定铸造粘结剂用标准砂（简称铸造用标准砂）的术语和定义、牌号、技术要求、试验方法、检验规则，以及标志、包装、运输和贮存等要求。标准砂的主要技术要求有化学成分、粒度组成、含泥量、含水量、酸耗值、角形因数等，它们的试验方法分别按 GB/T 7143、GB/T 2684、GB/T 9442 的规定执行。

GB/T 25138—2010《检定铸造粘结剂用标准砂》

任务二 设计芯头（一）

任务描述

为阀壳设计水平芯头的长度和间隙；若有需要，设计压环、防压环和集砂槽。

学习目标

1. 知识目标

（1）掌握芯头的高度/长度、间隙的概念。

（2）掌握芯头压环、防压环和集砂槽的概念。

2. 能力目标

（1）能够通过查表获得芯头与芯座之间的间隙、芯头的斜度、高度等。

（2）能够正确设计芯头压环、防压环和集砂槽。

3. 素养目标

（1）具有社会责任感和工程职业道德。

（2）综合考虑社会、健康、安全、法律、文化、伦理、政策、环境和持续发展等制约因素的影响。

（3）具备结合本专业特性开展专业领域设计、创新的能力。

知识链接

一、芯头与芯座之间的间隙

芯头的尺寸与采用的铸造工艺有关，一般取决于铸件相应部位孔、槽的尺寸。为了下芯和合型的方便，芯头应有一定的斜度，芯头与芯座之间应有一定的间隙（湿型小铸件下芯头不留间隙）。芯头间隙是芯头与芯座之间留出的配合间隙，芯头斜度是为了便于准确下芯及便于起模和脱芯、在芯头和芯座部位做出的斜度。

在实际生产中，芯头的尺寸、斜度和间隙可根据生产经验确定。一般来说，上芯头的高度比下芯头低，上芯头的斜度比下芯头大。芯头和芯座之间的间隙 S（S_1），通常采用芯盒名义尺寸制造而将模样尺寸加大来形成的，如图4-7所示。

JB/T 2435—2013《铸造工艺符号及表示方法》规定，外型芯头斜度、芯头间隙及有关芯头部分所有工艺参数全部用蓝色线和字表示。图4-8中所示的字母 L、a、e、f 均表示数值。

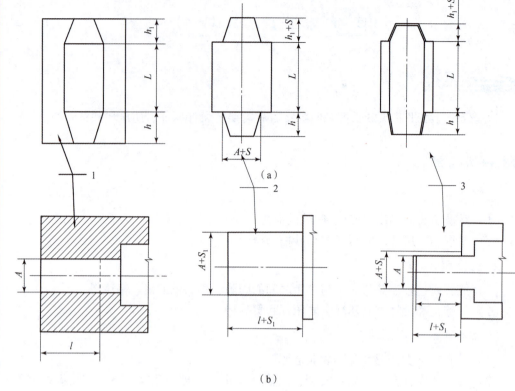

图4－7　芯头与芯座之间的间隙

（a）垂直芯头；（b）水平芯头

1—芯盒；2—模样；3—砂型

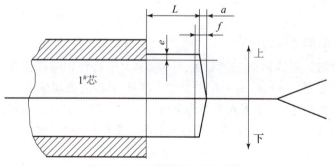

图4－8　芯头斜度与芯头间隙

1. 垂直芯头的高度和间隙

垂直芯头的高度是垂直芯头的主要尺寸，主要根据砂芯在型腔中安放时的稳定程度确定的。同时，还应考虑用木模制造时是否会变形，以及放置芯骨时需要有一定的吃砂量等因素。吃砂量是砂型型腔表面到砂箱内壁、顶面、底面或箱挡的距离，以及型腔之间的砂层厚度或芯骨至砂芯表面的砂层厚度。

垂直芯头与芯座之间的间隙 S 如表4－2所示。

铸型种类	(D或(A+B)/2)/mm											
	≤50	51~100	101~150	151~200	201~300	301~400	401~500	501~700	701~1 000	1 001~1 500	1 501~2 000	≥2 000
湿型	0.5	0.5	1.0	1.0	1.5	1.5	2.0	2.0	2.5	2.5	3.0	3.0
干型	0.5	1.0	1.5	1.5	2.0	2.5	3.0	3.5	4.0	5.0	6.0	7.0

注：1. 影响砂芯与芯座之间间隙的因素很多，如模样与芯盒的尺寸偏差；砂型和砂芯在制造、运输、烘干过程中的变形等。因此，表中数据仅供参考。

2. 一般情况下，机器造型、湿型、生产量较大时，常用间隙为 0.5~1 mm。对于干型、大件，常用间隙为 2~4 mm。

3. 当上芯头或下芯头的个数多于一个时，可将其中定位作用不大的芯头的侧面间隙加大。

4. 树脂砂型的间隙可比干型小 50% 左右。

5. D、A、B 为芯头直径或断面尺寸。

表 4－3 所示为垂直芯头的斜度经验值。一般手工木模用 a/h 表示，金属型用角度 α 表示。

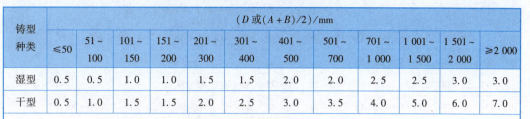

芯头高 h/mm	15	20	25	30	35	40	50	60	70	80	90	100	120	150	用 a/h 表示斜度时	用角度 α 表示时
上芯头/mm	2	3	4	5	6	7	9	11	12	14	16	19	22	28	1/5	10°
下芯头/mm	1	1.5	2	2.5	3	3.5	4	5	6	7	8	9	10	13	1/10	5°

表 4－4 所示为垂直芯头的高度 h 和 h_1 的经验值。

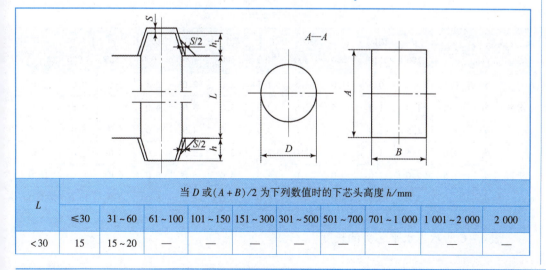

L	当 D 或 $(A+B)/2$ 为下列数值时的下芯头高度 h/mm									
	≤30	31~60	61~100	101~150	151~300	301~500	501~700	701~1 000	1 001~2 000	2 000
<30	15	15~20	—	—	—	—	—	—	—	—

L	当 D 或 (A+B)/2 为下列数值时的下芯头高度 h/mm									
	≤30	31~60	61~100	101~150	151~300	301~500	501~700	701~1 000	1 001~2 000	2 000
31~50	20~25	20~25	20~25	—	—	—	—	—	—	—
51~100	25~30	25~30	25~30	20~25	20~25	30~40	40~60	—	—	—
101~150	30~35	30~35	30~35	25~30	20~30	40~60	40~60	50~70	50~70	—
151~300	35~45	35~45	35~45	30~40	30~40	40~360	50~70	50~70	60~80	60~80
301~500	—	40~60	40~60	35~55	35~55	40~60	50~70	50~70	80~100	80~100
501~700	—	60~80	60~80	45~65	45~65	50~70	60~80	60~80	80~100	80~100
701~1 000	—	—	—	70~90	70~90	60~80	60~80	80~100	80~100	100~150
1 001~2 000	—	—	—	—	100~120	100~120	80~100	80~100	80~120	100~150
2 000	—	—	—	—	—	—	—	80~120	80~120	100~150

由下芯头高度 h 查上芯头高度 h₁/mm																
上芯头高度 h	15	20	25	30	35	40	45	50	55	60	65	70	80	90	100	120
下芯头高度 h_1	15	15	15	20	20	25	25	30	30	35	35	40	45	50	55	65

注：1. 一般的砂芯上、下芯头采用相同的高度，尤其是成批大量生产时。

2. 如有必要采取不同高度的上、下芯头，可先查出 h 值，然后根据 h 值查出 h_1 值。

3. 对于大而矮的直立砂芯，常不用上芯头，此时下芯头可适当加长。

4. 若直立芯头的长度与直径之比大于 2.5，为了使砂芯具有较高的稳定性，可以采用加大芯头的形式。

2. 水平芯头的长度和间隙

水平芯头与芯座之间的间隙如表 4–5 所示，树脂砂型的芯头间隙可比干型小 50%。

表 4–5　水平芯头的间隙 S

(D 或 (A+B)/2)/mm		≤50	51~100	101~150	151~200	201~300	301~400	401~500	501~700	701~1 000	100~1 500	1 501~2 000	>2 000
湿型	S_1	0.5	0.5	0.5	1.0	1.5	1.5	2.0	2.0	2.5	2.5	3.0	3.0
	S_2	1.0	1.0	1.5	1.5	2.0	2.0	3.0	3.0	4.0	4.0	4.5	4.5
	S_3	1.5	1.5	2.0	2.0	3.0	3.0	4.0	4.0	5.0	5.0	6.0	6.0
干型	S_1	1.0	1.5	1.5	1.5	2.0	2.0	2.5	2.5	3.0	3.0	4.0	5.0
	S_2	1.5	2.0	2.0	3.0	3.0	4.0	4.0	5.0	5.0	6.0	8.0	10.0
	S_3	2.0	3.0	3.0	4.0	4.0	6.0	6.0	8.0	8.0	9.0	10.0	12.0

表 4–6 所示为水平芯头的长度。

表 4-6 水平芯头的长度 l

L/mm	(D或(A+B)/2)/mm												
	≤25	26~50	51~100	101~150	151~200	201~300	301~400	401~500	501~700	701~1 000	1 001~1 500	1 501~2 000	≥2 000
≤100	20	25~35	30~40	35~45	40~50	50~70	60~80	—	—	—	—	—	—
101~200	25~35	30~40	35~45	45~55	50~70	60~80	70~90	80~100	—	—	—	—	—
201~400	—	35~45	40~60	50~70	60~80	70~90	80~100	90~100	—	—	—	—	—
401~600	—	40~60	50~70	60~80	70~90	80~100	90~110	100~120	120~140	130~150	—	—	—
601~800	—	—	60~80	70~90	80~100	90~110	100~120	110~130	130~150	140~160	150~170	—	—
801~1 000	—	—	—	80~100	90~110	100~120	110~130	120~140	130~150	150~170	160~180	180~200	—
1 001~1 500	—	—	—	90~110	100~120	110~130	120~140	130~150	140~160	160~180	180~200	200~220	220~260
1 501~2 000	—	—	—	—	110~130	120~140	140~160	150~170	160~180	180~200	200~220	220~240	260~300
2001~2500	—	—	—	—	130~150	150~170	160~180	180~200	200~220	220~240	240~260	260~300	300~360
2 500	—	—	—	—	—	180~200	200~220	220~240	240~260	260~280	280~320	320~360	360~420

注：1. 直径 D600 mm 的环状砂芯在制造时，若沿圆周方向分片制造，每片砂芯的 l 应以外圆弧长为基准，即 l 等于弧长。
2. 具有浇注系统的芯头长度可适当加大。

二、压环、防压环和集砂槽尺寸

在湿型、大量机器生产中，为了快速下芯、合型并保证铸件质量，在芯头的模样上常常做出压环、防压环和集砂槽，如图4-9所示。

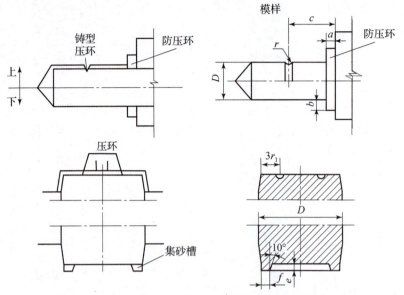

图4-9　水平芯和垂直芯芯头上的压环、防压环和集砂槽

从图4-9可以看出，水平芯头可能设置压环和防压环，垂直芯头的上芯头可能设置压环、下芯头可能设置集砂槽。压环、防压环和集砂槽的尺寸可参考表4-7。

表4-7　压环、防压环和集砂槽尺寸

芯头直径 D/mm	水平芯头				垂直芯头		
	a	b	c	r	e	f	r_1
30~50	5	0.5	15	1.5	1.5	3	1.5
51~100	5	1.0	15	2	2	3	2
101~200	8	1.5	20	3	3	4	3
201~400	10	1.5	25	5	4	5	5
400	12	2	40	5	5	6	6

三、芯头尺寸的验算

芯头的尺寸验算主要是核算芯头的横截面积，尤其是水平芯头。

一般情况下，小砂芯和中等尺寸的砂芯，作用在芯头上的重力和浮力不大，因此不必验算芯头的尺寸。但是，对于质量大或者金属液浮力较大而芯头的尺寸显得太小的砂芯，为了确保铸件质量，在按经验数据初步确定芯头的尺寸之后，应该验算芯头的承压面积。下面以图4-10为例说明其验算步骤。

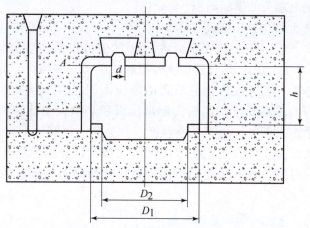

图 4-10　计算砂芯所受浮力的示意图

1. 砂芯受到的重力

$$G = G_1 + G_2 \tag{4-1}$$

式中　G——砂芯重力，N；

$\quad\quad G_1$——芯砂重力，N；

$\quad\quad G_2$——芯骨重力，N。

2. 砂芯受到的浮力

砂芯所受的浮力与砂芯在砂型中的位置、砂芯的形状、尺寸，以及浇注系统类型等有关。图 4-10 中，砂芯受到的最大浮力为

$$F = \frac{\pi}{4}(D_1^2 - D_2^2) = h\rho_L g \tag{4-2}$$

式中　F——砂芯所受浮力，N；

$\quad\quad D_1$——砂芯直径，m；

$\quad\quad D_2$——下芯头直径，m；

$\quad\quad h$——砂芯受浮力作用的高度，m；

$\quad\quad g$——重力加速度，m/s^2；

$\quad\quad \rho_L$——金属液密度，kg/m^3。

3. 计算各芯头所受的最大压力

图 4-10 中下芯头较大，无须验算。由于没有水平芯头，上芯头所受的最大压力等于砂芯所受浮力减去砂芯质量。设两个上芯头位置对称，受到的压力相同，则每个芯头的最大压力 p（单位为 N）为

$$p = \frac{F - G}{2} \tag{4-3}$$

4. 计算芯头所需的承压面积

图 4-10 中，每个上芯头所需的承压面积为

$$A_{\pm} = \frac{(1.3 \sim 1.5)p}{R_{mc}} = \frac{(1.3 \sim 1.5)}{R_{mc}}(F - G) \tag{4-4}$$

学习笔记

式中　$A_{上}$——每个上芯头的横断面积，mm^2；

　　　　R_{mc}——芯座允许的抗压强度，MPa。

式（4-4）中，1.3～1.5是安全因数；R_{mc}的值可根据砂型状况决定。一般铸铁件，湿型取0.13～0.15 MPa；活化膨润土砂型取0.6～0.8 MPa；干型取2～3 MPa。

如果是水平芯头，则应在求出它所需的承压面积之后，再根据芯头的宽度或直径进一步求出所需的芯头长度。芯头实际承压面积必须大于计算值，否则就要采取提高承压能力的措施。例如，提高芯座强度（在芯座上垫钢片或耐火砖等）、安放芯撑、增加水平芯头长度、增设工艺孔以增加芯头等，以免芯头压坏芯座导致偏芯使铸件报废。工艺设计时，如果采用随砂型的砂胎代替砂芯，砂胎的高径比h/D不能太大。

四、填砂方向、出气方向、紧固方向

JB/T 2435—2013《铸造工艺符号及表示方法》规定，填砂方向、出气方向、紧固方向用蓝色线半箭头表示，箭尾划出不同符号。填砂方向还应在其箭头一侧标注出大写英文字母，如图4-11所示。

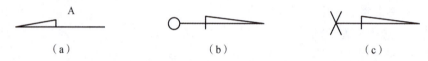

（a）　　　　　　　　　　（b）　　　　　　　　　　（c）

图4-11　工艺符号：砂芯的填砂方向、出气方向、紧固方向
（a）填砂方向；（b）出气方向；（c）紧固方向

如果几块砂芯填砂方向一致，则选出适宜视图，适当位置标划一个公用箭头即可。

图4-12是砂芯的填砂方向、出气方向、紧固方向示意图。

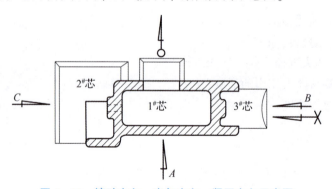

图4-12　填砂方向、出气方向、紧固方向示意图

五、阀壳的砂芯设计（二）

图4-6所示为阀壳的$1^{\#}$砂芯（本体）形状。下面为其设计芯头长度和间隙。一个典型的水平芯头及结构如图4-13所示。

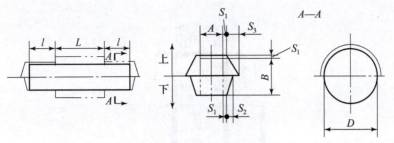

图 4 – 13　水平芯头及结构

图 4 – 13 所示的水平芯头间隙 S 根据表 4 – 8 选取。

表 4 – 8　水平芯头的间隙

D 或 $(A+B)/2$		≤50	51～100	101～150
湿型	S_1	0.5	0.5	0.5
	S_2	1.0	1.0	1.5
	S_3	1.5	1.5	2.0

1#芯左端直径 D 为 58 mm，故间隙值分别为 $S_1 = 0.5$ mm，$S_2 = 1.0$ mm，$S_3 = 1.5$ mm；

1#芯右端直径 D 为 34 mm，故间隙值分别为 $S_1 = 0.5$ mm，$S_2 = 1.0$ mm，$S_3 = 1.5$ mm。

图 4 – 13 中水平芯头的长度根据表 4 – 9 选取。

表 4 – 9　水平芯头的长度 l

l/mm	D 或 $(A+B)/2$		
	26～50	51～100	101～150
≤100	25～35	30～40	35～45
101～200	30～40	35～45	45～55
201～400	35～45	40～60	50～70
401～600	40～60	50～70	60～80

1#砂芯长度为 250 mm、直径 $D ≤ 100$ mm，芯头长度推荐范围为 35～45 mm，取 40 mm。

阀壳无需设计压环、防压环和集砂槽。

阀壳的水平 1#芯最终设计如图 4 – 14 所示。

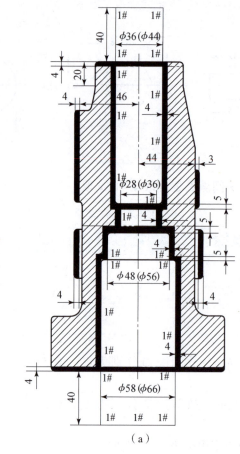

（a）

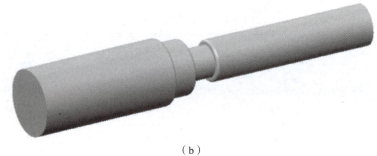

（b）

图 4 – 14 阀壳的水平 1# 芯（包括芯头、间隙）
（a）二维图；（b）三维图

 **任务实施**

一、个人任务工单

1. 如何确定垂直芯头与芯座之间的间隙 S、芯头斜度 α?

_____

_____

_____

2. 如何确定垂直芯头的高度，即下芯头高度 h 和上芯头高度 h_1？

_____

_____

3. 如何确定水平芯头的长度、斜度和间隙？

_____

_____

二、团队任务工单

1. 教师将学生分成几个小组，分别完成下面一个或几个题目，并组织讨论。

（1）简述压环、防压环和集砂槽的概念。

_____

_____

（2）如何确定压环、防压环和集砂槽的尺寸？

_____

_____

（3）查阅 T/CFA 0308053—2019《铸造企业清洁生产要求　导则》。

2. 每一组推荐一名学生进行汇报，交流讨论，并再次总结自己的收获与经验。

任务评价与反思

序号	评价内容	分值	得分
1	能够描述芯头高度/长度、芯头间隙、压环、防压环和积砂槽的概念、作用	20	
2	能够正确设计芯头高度/长度、芯头间隙、压环、防压环和集砂槽	20	
3	能够用红蓝铅笔在图纸上绘制芯头的高度/长度、芯头间隙、压环、防压环和集砂槽	20	
4	能够评审铸件砂芯的芯头高度/长度、芯头间隙、压环、防压环和集砂槽是否合理	20	
5	能够描述铸造企业要满足清洁生产的要求，需要具备哪些条件	20	
合计		100	
出现的问题	解决措施		

知识拓展

1. 铸造企业清洁生产要求

铸造企业的清洁生产是指不断采取改进设计、使用清洁的能源和原料、采用先进的生产工艺技术与设备、改善管理、综合利用等措施，从源头削减污染，提高资源利用率，减少或者避免生产、服务和产品使用过程中污染物的产生和排放。

T/CFA 0308053—2019《铸造企业清洁生产要求 导则》规定了铸造企业清洁生产的技术要求、数据采集和计算方法、评价的等级条件和实施。该标准适用于铸造企业总体清洁生产审核、清洁生产绩效评定和清洁生产绩效公告制度。该标准总分为 100分。标准分为生产工艺与装备要求、资源与能源消耗、产品特征、污染物排放控制、清洁生产管理要求等 5 个一级指标，每个一级指标为 100 分，按照分值权重占比加权得最终分。

T/CFA 0308053—2019《铸造企业清洁生产要求 导则》

任务三 设计芯头（二）

 任务描述

根据需要，为阀壳设计芯头结构：固定和定位。

学习目标

1. 知识目标

（1）掌握砂芯固定装置的概念。

（2）掌握砂芯定位装置的概念。

2. 能力目标

（1）能够对砂芯采取合理的固定措施。

（2）能够对砂芯采取合理的定位措施。

3. 素养目标

（1）培养精益求精、专心细致的工作作风。

（2）培养热爱劳动的意识。

（3）培养降本增效的意识。

为了保证合箱操作过程中，下芯快速、准确，减轻下芯人员现场工作量，要在砂芯芯头上设计定位和紧固装置，并且在砂型对应部分上造出相应的形状。

一、砂芯的定位

对于形状不对称的砂芯或者同一砂型中的数种砂芯，需要在砂型和芯头上做出定位装置。这样，在现场合箱的下芯环节，铸造工可以根据芯头和砂型的相应形状和尺寸，一次性、快速准确地将砂芯放置到砂型上对应位置，不需要在现场阅读工艺图，也不需要反复测量。如果砂芯种类不对或者位置有差错，砂芯将不能放在砂型中。总的来说，芯头和芯座不需要做成一个完整的圆柱形就可以达到定位的目的。

1. 垂直定位芯头

垂直芯头的定位装置需要起到防止砂芯沿垂直轴转动。常用的垂直定位芯头如图4-15所示。

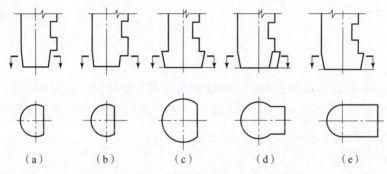

（a）　　　　（b）　　　　（c）　　　　（d）　　　　（e）

图4-15　垂直定位芯头

如图4-15所示，垂直砂芯本体部分的截面不是一个完整的圆柱体，各部分形状不一致，因此下芯时，砂芯不能旋转角度。在垂直方向上砂芯上部较小、下部较大。图4-15（a）所示的芯头按砂芯较小部分制作但芯头切去一部分，支承面积减少，常用于高度不大而直径较大的砂芯。图4-15（b）所示的芯头按砂芯较大部分制作但切去芯头的一部分，固定仍较稳固，制造简便，应用较多。图4-15（c）的芯头比砂芯最大部位直径大一些但切去芯头的一部分，适用于高而粗的砂芯。图4-15（d）、图4-15（e）所示的两种结构较复杂，是在圆形芯头的基础上加上了矩形部分，适用于定位要求较高的砂芯。

在放置如图4-15所示的砂芯时，要注意垂直砂芯的上下不要反向。尤其是如图4-15（c）所示的砂芯，若砂芯上部本体比下型的芯座小，砂芯能够轻松放进砂型的芯座中，将造成错误。对于图4-15（e）所示的砂芯，砂芯在水平方向上旋转180°，只有一小部分存在干涉，若下芯时不细心，也可能造成错误。

2. 水平定位芯头

水平芯头的定位装置需要起到防止砂芯沿水平轴转动、移动的作用。常用的水平定位芯头如图4-16所示。

图4-16 (a) 所示为加大芯头, 主要适用于小砂芯, 断面形状可采用Ⅰ型或Ⅱ型; 图4-16 (b) 所示为芯头削去一部分, 主要适用于大芯头, 断面形状可采用Ⅲ型或Ⅳ型。

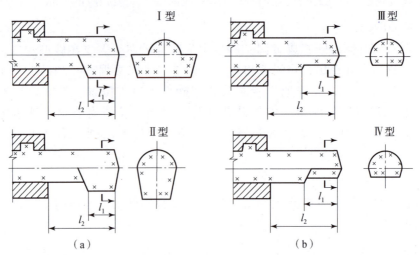

图4-16　水平定位芯头

当芯头 l_2 较长时, 可取 $l_1 = (0.6 \sim 0.8) l_2$; 当芯头 l_2 较短时, 可取 $l_1 = l_2$

(a) 适用于小砂芯; (b) 适用于大芯头

在图4-16所示的水平芯头中, 如果两端都设计成相同的芯头和芯座, 还是存在下错方向的可能性。图4-16 (b) 所示芯头存在下芯不到位使砂芯和砂型右端间隙过大的可能性, 要特别注意。

二、砂芯的固定

下芯后, 砂芯不能在自重或金属液浮力作用下移动或转动, 因此砂芯必须具备紧固装置。砂芯在砂型中的位置一般是靠芯头来固定的, 也可以用芯撑来固定。对于悬臂砂芯可用加大芯头的尺寸或采用"挑担砂芯"来固定砂芯; 对于细高的直立式砂芯, 一般加大下芯头。

1. 垂直芯头的固定

对于细高的垂直芯头, 宜同时做出上下芯头, 并且加大下芯头, 使得定位准确, 固定可靠。对于横截面大而高度不太高的砂芯, 可以不设置上芯头, 只设置下芯头, 使得重心下移, 固定可靠。

图4-17所示为垂直芯头的固定装置。

对于只能采用上芯头的砂芯, 可以采用吊芯或者在造型时将砂芯预埋在上型中, 但这些措施对造型、合箱都带来极大的困难。可以采用图4-18所示的盖板砂芯, 即扩大上芯头, 将其下在下型中。下芯后, 上芯头上表面与下型表面平齐, 有利于保证铸件尺寸精度及组织流水生产。这种情况, 必须保证造型和制芯的精度、下芯操作正确, 因为下芯后无法检测型腔尺寸和形状。

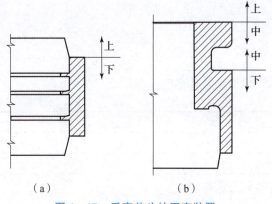

（a）　　　　　　　（b）

图 4 – 17　垂直芯头的固定装置

（a）有上下芯头；（b）只有下芯头

图 4 – 18　盖板砂芯

2. 水平芯头的固定

一般情况下，水平芯采用两个芯头就可以在砂型中足够稳固，即水平芯头起到定位和固定的作用。

如果砂芯只有一个芯头或虽有两个芯头但芯头连线不通过重心造成砂芯不稳固，则要采用联合砂芯、加大或加长芯头，将砂芯重心移入芯头的支撑面内，还可以用芯撑。

图 4 – 19 所示为挑担砂芯，即同一个砂芯同时形成一箱多件中的两个或多个铸件的外形。

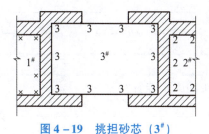

图 4 – 19　挑担砂芯（3#）

三、阀壳的砂芯设计（三）

阀壳的砂芯为简单形状水平芯，芯头放置在砂型的芯座上，足够保证其定位和固定，不需要设置专门的定位和固定装置。

任务实施

一、个人任务工单

1. 砂芯定位的目的和意义是什么？

_____

_____

_____

2. 如何设计垂直芯头的定位装置？

_____

_____

_____

3. 如何设计水平芯头的定位装置？

_____

_____

_____

二、团队任务工单

1. 教师将学生分成几个小组，分别完成下面一个或几个题目，并组织讨论。

（1）砂芯固定的目的和意义是什么？

_____

_____

_____

（2）如何设计垂直芯头的固定装置？

_____

_____

_____

（3）如何设计水平芯头的固定装置？

_____

_____

_____

（4）查阅 T/CFA 0202012—2020《铸造砂型（芯）粘结剂喷射工艺用热硬化酚醛树脂》。

2. 每一组推荐一名学生进行汇报，交流讨论，并再次总结自己的收获与经验。

任务评价与反思

序号	评价内容	分值	得分
1	能够描述砂芯固定装置的概念、定位装置的概念及其作用	20	
2	能够正确设计砂芯固定装置、定位装置	20	
3	能够用红蓝铅笔在图纸上绘制砂芯固定装置、定位装置	20	
4	能够评审铸件的砂芯固定装置、定位装置是否合理	20	
5	能够描述铸造砂型（芯）粘结剂喷射工艺用热硬化酚醛树脂的分类、牌号、主要性能指标	20	
合计		100	

出现的问题	解决措施

知识拓展

1. 铸造砂型（芯）粘结剂喷射工艺用热硬化酚醛树脂

铸造砂型（芯）粘结剂喷射工艺用热硬化酚醛树脂具有低粘度、高强度、耐高温等特点，主要用在铸造粘结剂喷射成型领域。

T/CFA 0202012—2020《铸造砂型（芯）粘结剂喷射工艺用热硬化酚醛树脂》规定了铸造粘结剂喷射工艺用热硬化酚醛树脂的术语和定义、分类和牌号、技术要求、试验方法和检验规则，以及包装、标志、运输和储存。该标准适用于由酚类化合物和醛类化合物经缩合反应生成的、铸造中粘结剂喷射成型用热固性酚醛树脂，主要用于铸钢件砂型（芯）的生产。

T/CFA 0202012—2020《铸造砂型（芯）粘结剂喷射工艺用热硬化酚醛树脂》

任务四 设计芯头的工艺措施

任务描述

根据需要，为阀壳设计芯撑、芯骨、排气装置。

学习目标

1. 知识目标

（1）掌握砂芯的芯撑和芯骨的作用。

（2）掌握砂芯排气装置的作用。

2. 能力目标

（1）能够为砂芯设计合适的芯撑。

（2）能够为砂芯设计合适的芯骨。

（3）能够为砂芯设计合适的排气道。

3. 素养目标

（1）持续提升自己的综合素质和业务能力，不断适应社会发展的要求。

（2）具备团队合作精神。

（3）培养创新思维与创业精神。

知识链接

一、芯撑

砂芯在铸型中主要靠芯头固定，但有时对于大型复杂的铸件，砂芯较多，采用吊芯困难，砂芯无法设置芯头或只靠芯头固定难以稳固。在生产中，常采用芯撑来加固砂芯，以起到辅助支撑的作用。芯撑又称型芯撑，是砂型组装和浇注时，支承吊芯、悬臂砂芯的金属构件。其用来保持型和芯在型腔中的准确位置。

使用芯撑时需要注意以下几个问题。

（1）芯撑材料的熔点应该比铸件材质的熔点高，或至少相同，并且芯撑的质量不能过小，以保证金属液未凝固之前，芯撑应有足够的强度，不得过早熔化而丧失支撑作用。因此，铸铁件采用低碳钢或铸铁芯撑；非铁合金铸件采用与铸件相同的合金材质做芯撑。

（2）在铸件凝固过程中，芯撑需与铸件很好地焊合，因此，芯撑不宜过大，否则在金属液的作用下芯撑将全部或部分保持固态，无法熔化。

（3）芯撑表面应该干净、平整。使用时，芯撑表面应无锈、无油、无水汽。芯撑表面最好镀铝，也可以镀锌，这是为了防止芯撑表面生锈而不能与铁液熔合好。同时，芯撑在放入铸型之后，要尽快浇注，特别是湿型，以免芯撑表面凝聚水汽而产生气孔或熔合不良。

（4）芯撑要避免在内浇道附近使用。应尽量将芯撑放置在铸件的非加工面或不重要面上。

（5）为了防止芯撑陷入砂型、砂芯（特别是湿型、湿芯）而造成壁厚不均，可在芯撑端面垫以面积适当的芯撑垫片。

（6）芯撑要有足够的面积，一个不够则可设置数个。芯撑的数量根据经验确定，也可以按下式计算：

$$n = \frac{F}{A'R_{mc}} \tag{4-5}$$

式中　n——芯撑数目；

　　　　F——由芯撑支持的负荷；

　　　　A'——芯撑板的面积；

　　　　R_{mc}——铸型或砂芯的允许抗压强度。前已述及，一般铸铁件湿型 R_{mc} 取 0.13～0.15 MPa；活化膨润土砂型 R_{mc} 取 0.6～0.8 MPa；干型 R_{mc} 取 2～3 MPa。

设置芯撑的位置和数量，不但需要考虑砂芯在浇注之前的平衡问题，还需要考虑金属液填充过程中，砂芯受到浮力后如何保持平衡。

当使用芯撑时，芯撑可能与铸件熔合不良而引起气孔。因此，对油箱、水箱及阀体等在水压、气压下工作，尤其是壁厚在 8 mm 以下的薄壁件，应尽量不用芯撑，以免引起渗漏。

二、芯骨

为了保证砂芯在制造、运输、装配和浇注过程中不变形、不开裂或折断，砂芯应具有足够的刚度与强度。生产中通常在砂芯中埋置芯骨，以提高其强度和刚度。芯骨是放入砂芯中用来加强支撑砂芯，并有一定形状的金属构架。

对于小砂芯或砂芯的细薄部分，通常采用易弯曲成型、回弹性小的退火钢丝制作芯骨，可防止砂芯在烘干过程中变形或开裂。对于大、中型砂芯，一般采用铸铁芯骨或用型钢焊接而成的芯骨。这类芯骨由芯骨框架和芯骨齿组成，可反复使用。

选择芯骨要满足下列要求。

（1）保证砂芯具有足够的强度和刚度，以防止产生变形和断裂，而且要注意芯骨不应阻碍铸件的收缩，因此芯骨应有适当的吃砂量。

（2）芯骨不应妨碍砂芯中冷铁、冒口的安放和砂芯的排气。

（3）在组芯及坚固砂芯需要时，应在芯骨上铸出吊攀。

（4）如果是组合砂芯，芯骨应考虑组合砂芯的连接和坚固方法。

（5）中、小砂芯用铸铁做芯骨；当用水玻璃砂和树脂砂做小砂芯时，可考虑用圆钢做芯骨；大型砂芯用铸钢管做芯骨（炮弹芯）。

三、砂芯的排气

砂芯在高温金属液的作用下，由于气体膨胀、水分蒸发及有机物的挥发、分解和燃烧，在浇注后的很短时间内便会产生大量气体。当砂芯排气不良时，这些气体会侵入金属液中，使铸件产生气孔缺陷。气孔缺陷是指铸件内气体形成的孔洞类缺陷，其表面一般比较光滑，主要呈现梨形、圆形和椭圆形，一般不在铸件表面露出。

因此，在砂芯的结构设计、制造方式，以及在下芯、合型操作中，都要采取必要的措施，使浇注时在砂芯中产生的气体，能顺利地通过芯头及时排出。为此，在制芯方法上应采用透气性好的芯砂制作砂芯，在砂芯中应开设排气道，砂芯的芯头尺寸要足够大，以利于气体的排出。

出气孔又称排气道，是在型或芯中，为排除浇注时形成的气体而设置的沟槽或孔道，也指在吹砂或射砂造型（芯）时，在模板、芯盒的分型（盒）面上设置的排气沟槽。其可以在砂芯中间放置蜡质线绳，在砂芯烘干时焚化，成为排气道。为了排出浇注时型腔内的气体，还可以在型腔最高处设置直径不大、贯穿上型的出气冒口，它也可减少液态金属充满型腔时对上型产生的动压力。

在下芯操作时，应注意不要堵塞芯头的出气孔，在铸型中与芯头出气孔对应的位置应开设排气通道，以便将砂芯中产生的气体引出型外。对于一些砂芯多而复杂的薄壁箱体类铸件，尤其要改善砂芯的排气条件。对于形状复杂的大砂芯，应开设纵横交叉的排气道。排气道必须通至芯头端面，不得与砂芯工作面相通，以免金属液钻入。

砂芯的排气一定要引出铸型，不能引入型腔中。在设计砂型时需要设置出气孔，在造型时做出。

JB/T 2435—2013《铸造工艺符号及表示方法》规定，铸型的出气孔用红色线表示，注明各部位尺寸，如图 4 -20 所示。

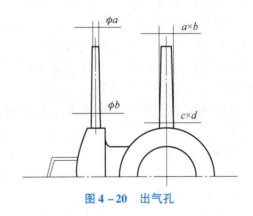

图 4 -20　出气孔

四、阀壳的砂芯设计（四）

阀壳 1# 水平芯放置在砂型的芯座上，足够稳固，金属液浇注后也不会发生移动、浮动等情况，不需要设置芯撑；长度为 241 mm，树脂砂足够保证其强度，不需要设置芯骨。砂芯的排气通过两头的芯头引到芯座，从砂型中排出，不需要设置出气孔。

任务实施

一、个人任务工单

1. 芯撑和芯骨的作用是什么？

_____

_____

_____

2. 如何为砂芯选用芯撑？

_____

_____

_____

3. 如何为砂芯选用芯骨？

_____

_____

_____

二、团队任务工单

1. 教师将学生分成几个小组，分别完成下面一个或几个题目，并组织讨论。

（1）排气装置的作用是什么？

_____

_____

（2）如何设计砂芯的排气装置？

_____

_____

_____

（3）查阅 GB/T 1177—2018《铸造镁合金》。

2. 每一组推荐一名学生进行汇报，交流讨论，并再次总结自己的收获与经验。

任务评价与反思

序号	评价内容	分值	得分
1	能够描述芯撑的作用、设计选用芯撑的原则和方法	20	
2	能够描述芯骨的作用、设计选用芯骨的原则和方法	20	

序号	评价内容	分值	得分
3	能够描述排气装置的作用、设计选用排气装置的原则和方法	20	
4	能够评审铸件的芯撑、芯骨、排气装置的设计是否合适	20	
5	能描述铸造企业为达到清洁生产要求，应从哪些方面入手	20	
合计		100	

出现的问题	解决措施

 知识拓展

1. 铸造镁合金

铸造镁合金是以镁为基体的铸造合金。GB/T 1177—2018《铸造镁合金》规定了铸造镁合金的牌号和代号、技术要求、试验方法和检验规则，适用于砂型和金属型铸造用镁合金。

GB/T 1177—2018《铸造镁合金》

模块五　设计浇注系统

任务一　浇注系统设计准备（一）

大国工匠 5

任务描述

掌握浇注系统的概念、组成和要求。掌握浇注系统引入位置的原则。

学习目标

1. 知识目标

（1）掌握浇注系统的组成与要求。

（2）掌握内浇道引入位置的原则。

2. 能力目标

（1）能够为各种结构的铸件选择合适的浇注系统引入位置。

（2）能够评价铸件的浇注系统引入位置是否合适。

3. 素养目标

（1）具备团队合作精神。

（2）培养专心细致的工作作风。

（3）树立终身学习的意识。

知识链接

一、浇注系统的组成

浇注系统是为填充型腔和冒口而开设在铸型中的一系列通道，通常由浇口杯、直浇道、横浇道和内浇道组成。

图 5 – 1 所示为一个浇注系统的基本组成。可见，一个典型的浇注系统由浇口杯（浇口盆/外浇口）、直浇道、横浇道、内浇道等 4 部分（单元）构成。浇口杯是漏斗型外浇口，单独制造或直接在铸型内形成，成为直浇道顶部的扩大部分。浇口盆又称外浇口，是与直浇道顶端连接，用来承接并导入熔融金属的容器。直浇道是浇注

系统中的垂直通道。直浇道窝是直浇道底部的凹坑和扩大部分。横浇道是浇注系统中连接直浇道和内浇道的水平通道部分。内浇道是浇注系统中引导液态金属进入型腔的部分。

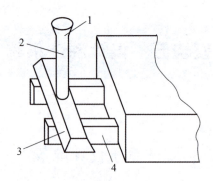

图 5 – 1　浇注系统的基本组成
1—浇口杯；2—直浇道；3—横浇道；4—内浇道

当然，不是每个浇注系统都必须具有这 4 个组元。有时，浇注系统也兼具冒口的补缩作用。

二、浇注系统的要求

良好的浇注工艺由金属本身的性质、铸型的性质和浇注系统的结构决定。浇注系统的形状和尺寸、位置的设计，受铸件的结构特点、技术条件、合金种类等的影响。

根据铸件材质、质量、形状和尺寸，以及铸造设备条件，确定铸件浇注位置和浇注系统形式，计算浇注时间和浇道最小横截面积，确定各浇道的截面积比、浇注系统结构及各组元的位置等。

浇注系统设计应遵循的原则如下。

（1）使金属液在合适的时间内充满型腔，具有挡渣、溢渣能力，以及净化金属液的能力，易于获得轮廓清晰、完整，内部组织致密的铸件。

（2）调节铸型内的温度分布，有利于强化铸件补缩、减少铸造应力、防止铸件出现变形、裂纹等缺陷。

（3）金属液平稳、连续地充型，避免由于紊流过度强烈而造成夹卷空气、产生金属氧化物夹杂和冲刷型芯。

（4）浇注系统结构应当简单、可靠，减少金属液消耗，便于清理。

三、浇注系统的引入位置

浇注系统的引入位置是指内浇道在铸件上的搭接位置。引入位置对液态金属充型方式、铸型温度分布、铸件质量的影响很大。

从保证铸件的质量出发，设计浇注系统的引入位置一般要遵循以下原则。

（1）要求同时凝固的铸件，内浇道应开设在铸件薄壁处；要求顺序凝固的铸件，内浇道应开设在铸件厚壁处。内浇道应使金属液迅速而均匀地充满型腔，避免铸件各部分温差过大。当铸件壁厚相差悬殊而又必须从薄壁处引入金属液时，则应同时使用冷铁加快厚壁处的凝固及加大冒口，浇注时采取"点冒口"等工艺措施，保证厚壁处补缩。

图 5 – 2 所示为多个内浇道从铸件薄壁部位进入型腔。该结构中，内浇道数量多，

分散布置，使金属液快速均匀地允满型腔，避免内浇道附近的砂型局部过热；先进入型腔的、较多的金属液在厚壁部位先进行缓慢冷却，薄壁部位始终有金属液流过保持高温稍后凝固，二者凝固时间趋于相同。

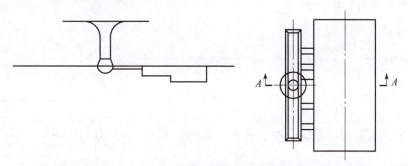

图 5 - 2　同时凝固的铸件，多个内浇道分开布置在铸件薄壁部位

（2）内浇道应尽量开设在分型面上，便于造型操作。最好将内浇道开设在铸件要求不高的加工面部位上。不要开设在铸件非加工面上，以免影响铸件外观质量。内浇道不得开设在铸件质量要求高的部位，以防止内浇道附近组织粗大。对有耐压要求的管类铸件，内浇道通常开设在法兰处，以防止管壁处产生缩松。内浇道不得开设在靠近冷铁或芯撑处，以免降低冷铁的作用或造成芯撑过早熔化。

（3）引入位置应有利于充型过程的控制，避免自由重力流动造成充型过程的随机性。内浇道应避免直冲砂芯、型壁或型腔中其他薄弱部位（如凸台、吊砂等），防止造成冲砂。内浇道应使金属液沿型壁注入，不要使金属液溅落在型壁表面上或使铸型局部过热。内浇道的开设应有利于充型平稳、排气和除渣。从各个内浇道流入型腔中的液体流向应力求一致，避免因流向混乱而不利于渣、气的排除。

（4）在满足浇注要求的前提下，应尽量减少浇注系统的金属消耗，并使砂箱的尺寸尽可能小，以减小型砂和金属液的消耗。对收缩倾向大的合金，内浇道的设置不应阻碍铸件收缩，避免铸件产生较大应力或因收缩受阻而开裂。内浇道设置应易于浇注系统与铸件分离，同时便于清理打磨，不影响铸件的使用和外观要求。

（5）内浇道与铸件接口处的横断面厚度一般应小于铸件壁厚的 1/2，至多 2/3。采用封闭式浇注系统时，内浇道的纵断面最好离接口处呈"远厚近薄"状态。在接口处可做出断口槽，以防止清理时造成铸件缺肉。

内浇道与铸件连接结构如图 5 - 3 所示。

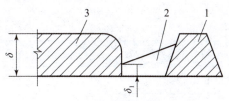

图 5 - 3　内浇道与铸件连接结构
1—横浇道；2—内浇道；3—铸件

上述金属液引入位置的选择方法在实际中常存在冲突和矛盾。因此，在具体设计浇注系统时，应根据具体情况综合分析、灵活应用。

 任务实施

一、个人任务工单

1. 叙述浇注系统的定义。

_____

_____

_____

2. 一个典型的浇注系统一般是由哪几部分组成的？各部分的主要作用是什么？

_____

_____

_____

3. 设计浇注系统应遵循哪些基本原则？

_____

_____

_____

4. 浇注系统的引入位置原则有哪些？

_____

_____

_____

_____

二、团队任务工单

1. 教师将学生分成几个小组，分别完成下面一个或几个题目，并组织讨论。

（1）查阅 GB/T 11352—2009《一般工程用铸造碳钢件》。

（2）查阅 GB/T 14408—2014《一般工程与结构用低合金碳钢》。

2. 每一组推荐一名学生进行汇报，交流讨论，并再次总结自己的收获与经验。

任务评价与反思

序号	评价内容	分值	得分
1	能够描述浇注系统的组成与要求	10	
2	能够描述内浇道引入位置的原则	20	
3	能够为典型结构的铸件选择合适的浇注系统引入位置	20	
4	能够为阀壳提出 2~3 种浇注系统方案	20	

序号	评价内容	分值	得分
5	能够评审铸件的浇注系统引入位置是否合适	10	
6	能够描述一般工程用铸造碳钢件的牌号、技术要求、检验规则	10	
7	能够描述一般工程与结构用低合金碳钢的牌号、技术要求、检验规则	10	
合计		100	
出现的问题		解决措施	

知识拓展

1. 一般工程用铸造碳钢件

一般工程用铸造碳钢件是以碳为主要合金并含有少量其他元素的铸钢。GB/T 11352—2009《一般工程用铸造碳钢件》规定了一般工程用铸造碳钢件的牌号、技术要求、试验方法、检验规则及标志、包装、贮运等，按 GB/T 5613 的规定，一般工程用铸造碳钢号分为 ZG200-400、ZG230-450、ZG270-500、ZG310-570、ZG340-640。

GB/T 11352—2009《一般工程用铸造碳钢件》

2. 一般工程与结构用低合金钢铸件

低合金铸钢材料牌号共 11 种，按 GB/T 5613 的规定分为 ZGD270-480、ZGD290-510、ZGD345-570、ZGD410-620、ZGD535-720、ZGD650-830、ZGD730-910、ZGD840-1030、ZGD1030-1240、ZGD1030-1240、ZGD1240-1450。

GB/T 14408—2014《一般工程与结构用低合金钢铸件》规定了一般工程（除高温承压耐蚀耐磨材料以外）与结构用低合金钢铸件的材料牌号、技术要求、试验方法、检验规则、标志、包装、贮运等。该标准适用于一般工程与结构用低合金钢铸件。

GB/T 14408—2014《一般工程与结构用低合金钢铸件》

任务二　浇注系统设计准备（二）

任务描述

为阀壳设计浇注系统。

学习目标

1. 知识目标

（1）掌握根据浇注系统各单元断面比例关系确定的浇注系统分类。

（2）掌握根据内浇道在铸件上的注入位置确定的浇注系统分类。

2. 能力目标

（1）能够根据材质和铸件结构选择合适的浇注系统。

（2）能够评价铸件的浇注系统是否合适。

3. 素养目标

（1）培养良好的职业道德。

（2）培养爱岗敬业的能力。

（3）培养团队协作的能力。

知识链接

一、浇注系统的分类1——根据浇注系统各单元断面的比例关系

理想的浇注系统应建立起刚好能保证金属液充满全部浇道的压力，又能避免吸气。在封闭式浇注系统中，金属液进入型腔，易产生喷射现象；而在开放式浇注系统中，易形成非充满流动及吸入气体。

GB/T 5611—2017《铸造术语》中定义，浇道比是浇注系统中直浇道（A_1）、横浇道（A_2）、内浇道（A_3）的横截面积之比。浇注系统按浇道比分为三类：$A_1 < A_2 < A_3$ 为开放式浇注系统；$A_2 > A_1 > A_3$ 为半封闭式浇注系统；$A_1 > A_2 > A_3$ 为封闭式浇注系统。生产实际中，一般使用封闭 - 开放式。

1. 开放式

开放式浇注系统是指朝着铸件方向总的断面积增大，即直浇道出口截面积小于横浇道截面积总和，横浇道出口截面积总和小于内浇道截面积总和的浇注系统。开放式浇注系统的阻流截面在直浇道上口（或浇口杯底孔）。当各单元开放比例较大时，金属液不易充满浇注系统，呈无压流动状态，充型平稳，对型腔冲刷力小，但挡渣能力较差。一般来说，开放式浇注系统金属液消耗多，不利于清理，常用于非铁合金、球墨铸铁及铸钢等易氧化金属铸件。

2. 半封闭式

半封闭式浇注系统是指直浇道出口截面积小于横浇道截面积总和，但大于内浇道截面积总和的浇注系统，即横浇道断面最大，阻流截面为内浇道。浇注中，该类浇注系统能充满，但较封闭式晚，具有一定的挡渣能力。由于横浇道断面大，金属液在横浇道中流速减小，故该类浇注系统又称"缓流封闭式"。其充型的平稳性及对型腔的冲刷力都优于封闭式，适用于各类灰铸铁件及球墨铸铁件。

3. 封闭式

封闭式浇注系统是指朝着铸件方向总的断面积缩小，即直浇道出口截面积大于横浇道截面积总和，横浇道出口截面积总和大于内浇道截面积总和的浇注系统。封闭式浇注系统的阻流截面在内浇道上，产生了阻流效应，使浇注系统易于充满。浇注开始后，金属液容易充满浇注系统，熔渣在浇注系统内有充分时间上浮，故挡渣能力较强。但封闭式浇注系统，充型液流的速度较快，冲刷力大，易产生喷溅。一般来说，封闭式浇注系统金属液消耗少，且清理方便，适用于铸铁的湿型小件及干型中、大件。

4. 封闭 - 开放式

阻流截面设在直浇道下端，或在横浇道中，或在集渣包出口处，或在内浇道之前设置的阻流挡渣装置处。该类浇注系统在阻流截面之前封闭，在阻流截面之后部分开放，故既有利于挡渣，又使充型平稳，兼有封闭式与开放式的优点，适用于各类铸铁件，在中小件上应用较多，特别是在一箱多件时。

通常，按照被浇注的合金种类、铸件的具体情况来选择浇注系统各单元的比例关系。表 5 - 1 所示的比例、应用范围可作为参考。

表 5 - 1　浇注系统各单元断面比例及其应用范围

断面比例			应用范围
直浇道（A_1）	横浇道（A_2）	内浇道（A_3）	
2	1.5	1	大型灰铸铁件砂型铸造
1.4	1.2	1	中、大型灰铸铁件砂型铸造
1.15	1.1	1	中、小型灰铸铁件砂型铸造
1.5	1.1	1	中、大型灰铸铁件砂型铸造型铸造
1.1 ~ 1.2	1.3 ~ 1.5	1	可锻铸铁件
1.2	1.4	1	表面干燥型中、小型铸铁件
1.2	1.1 ~ 1.5	1	表面干燥型重型机械铸铁件
1.2	1.1	1	干型中、小型铸铁件
1.2	1.2	1	干型中型铸铁件
1	2 ~ 4	1.5 ~ 4	球墨铸铁件
1	2	4	铝合金、镁合金铸件

断面比例			应用范围
直浇道（A_1）	横浇道（A_2）	内浇道（A_3）	
1.2~3	1.2~2	1	青铜合金铸件
1	1~2	1~2	铸钢件漏包浇注
1.5	0.8~1	1	薄壁球墨铸铁小件底注式

二、浇注系统的分类 2——根据内浇道在铸件上的注入位置分类

根据内浇道在铸件的相对位置（内浇道引入位置），浇注系统分为顶注式、底注式、中间注入式和阶梯式等 4 种类型。

1. 顶注式浇注系统

顶注式浇注系统内浇道开设在铸件的顶部，熔融金属液从铸件顶部注入型腔，如图 5-4 所示。顶注式浇注系统一般使铸件全部位于下型，适用于结构简单的小件及补缩要求高的厚壁铸件。

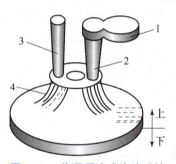

图 5-4　普通顶注式浇注系统
1—浇口盆；2—直浇道；
3—出气孔；4—铸件

普通顶注式浇注系统的优点是浇注系统结构简单紧凑，便于造型，节约金属；金属液容易充满型腔，金属液温度上高下底，凝固顺序自下而上，有利于发挥冒口的作用进行铸件的补缩，对薄壁铸件可以防止出现浇不到、冷隔等缺陷。

普通顶注式浇注系统的缺点是对铸型底部冲击大，容易造成冲砂；金属液易产生飞溅，浇注时液流落下造成金属液翻腾，不利于浮渣排气；与空气接触面积大，易氧化，容易产生氧化渣，以及砂眼、铁豆、气孔等缺陷。图 5-5 所示为楔形浇道，是顶注式浇注系统的一种。金属液通过长条楔缝可迅速充满型腔。楔形浇道的厚度应小于铸件壁厚，长度视铸件结构形状而定，过长的楔片可做成锯齿形，以便清理。其常用于锅、盆、罩、盖类薄壁器皿铸件。

图 5-6 所示为压边浇道，是浇口底面压在型腔边缘上所形成的缝隙式顶注式浇注系统。浇道与 4 个铸件顶部搭接成一条窄而长的缝隙，液态合金经过压边窄缝流入型腔，充型慢而平稳，有利于顺序凝固，补缩作用良好；结构简单紧凑，操作方便，易于清除，金属液消耗较少，主要用于壁较厚的中小型铸件。

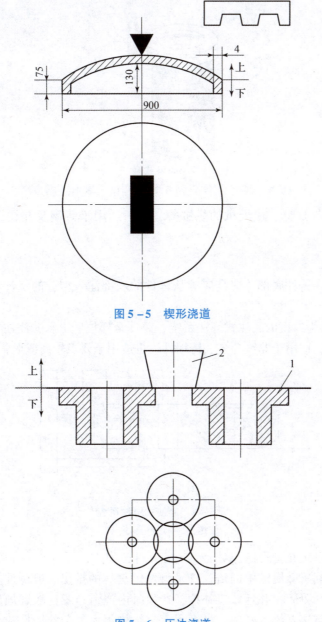

图 5–5　楔形浇道

图 5–6　压边浇道
1—铸件；2—压边浇道

　　图 5–7 所示为雨淋式浇注系统，也是顶注式浇注系统的一种。雨淋式浇注系统是指金属液由开设在浇口盆底部或横浇道底部的均匀分布的直孔式内浇道注入型腔的顶注式浇注系统。

　　雨淋式浇注系统中，由于金属液分成多股细流注入型腔，因而减轻了对铸型的冲击，并且保证同一截面上温度分布均匀，避免局部过热现象；由于液面不断搅动，因此上浮的夹杂物不容易黏附在型壁或型芯上，浇注系统挡渣效果好。但金属液流越细，其表面积越大，越容易氧化，因此雨淋式浇注系统主要用于质量要求较高的大、中

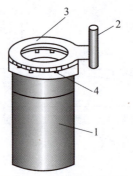

图 5-7　雨淋式浇注系统
1—铸件；2—直浇道；3—环形横浇道；4—雨淋式内浇道

型筒型铸件，如气缸套、造纸机的烘缸等，而不适用于铸钢及非铁合金等易氧化的合金。

2. 底注式浇注系统

内浇道开设在铸件底部，即金属液从铸件的底部注入型腔的浇注系统，称为底注式浇注系统。

图 5-8 所示为典型的底注式浇注系统，铸件全部位于上箱，浇注系统横浇道和内浇道开设在下箱，适用于非铁合金及铸钢件，也适用于要求较高或形状复杂的铸铁件。

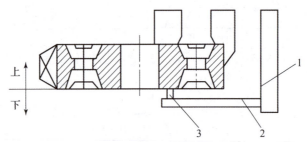

图 5-8　底注式浇注系统
1—直浇道；2—横浇道；3—内浇道

底注式浇注系统充型平稳，对上型（芯）冲击力小，不会产生冲砂、飞溅及铁豆，氧化倾向小，有利于金属液中的渣、气及型腔内气体的排出。但铸件的温度分布不利于自下而上的定向凝固，并且冒口补缩、造型时内浇道布置比较麻烦要采用三箱或预埋。因此底注式浇注系统主要用于高度不大，结构不太复杂的铸件和易氧化的合金铸件，如铸钢、铝合金、铝青铜及黄铜等铸件。

图 5-9 所示为牛角浇道，是底注式浇注系统的一种。图 5-9（a）所示的轮缘四周不允许开设浇道，为能平稳浇注，采用了牛角内浇道。浇注过程充型很快趋于平稳，对砂芯冲击力小。根据牛角的方向不同，有正牛角浇道和反牛角浇道两种结构，分别如图 5-9（c）、图 5-9（b）所示，浇注系统内常设置过滤网。反牛角浇道可避免出现"喷泉"现象，能减少冲击和氧化，适用于各种带齿牙轮及各种有砂芯的圆柱形铸件，在有色金属铸件上应用广泛。

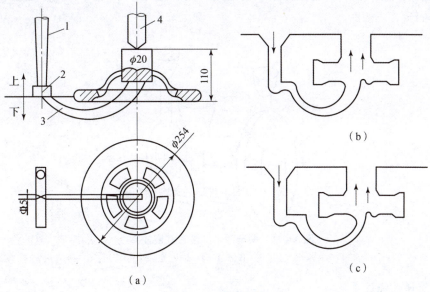

图 5 – 9　牛角浇道

（a）牛角浇道；（b）反牛角浇道；（c）正牛角浇道

1—直浇道；2—横浇道；3—牛角式内浇道；4—出气冒口

图 5 – 10 所示为反雨淋浇道，其将雨淋浇道设置在铸件的底部，是底注式浇注系统的一种，内浇道设在环形横浇道的外圈上，可以避免杂质进入型腔。反雨淋浇道充型均匀平稳，可减少金属液氧化；金属液在型腔中不旋转，可避免熔渣黏附在型（芯）壁上。反雨淋浇道适用于易氧化的中小型圆套类铸件、外形及内腔复杂的套筒及大型机床床身等铸件。但反雨淋浇道造型不够方便，不利于补缩金属液。

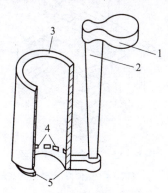

图 5 – 10　反雨淋浇道

1—浇口盆；2—直浇道；3—铸件；4—反雨淋式内浇道；5—环形横浇道

3. 中间注入式浇注系统

中间注入式浇注系统是指铸件处于铸型的上型和下型，金属液经过开设在分型面上的横浇道和内浇道进入型腔的浇注系统。这种浇注系统对于分型面以下的型腔相当于顶注，而对于分型面以上的型腔则相当于底注，故兼有顶注和底注的特点。

图 5 – 11 所示为典型的中间注入式浇注系统。由于内浇道开在分型面上，所以便

于选择金属液引入位置，这种浇注系统应用广泛，适用于中等大小、高度适中、中等壁厚的铸件。

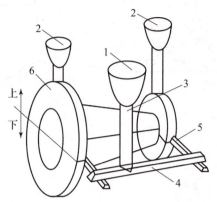

图 5 – 11 典型的中间注入式浇注系统
1—浇口杯；2—出气孔；3—直浇道；4—横浇道；5—内浇道；6—铸件

4. 阶梯式浇注系统

阶梯式浇注系统是高度方向上具有多层次内浇道的浇注系统，使熔融金属从底部开始，逐层地从若干不同高度引入型腔的浇注系统。其一般由浇口盆、主直浇道、分配直浇道和内浇道等部分组成。如果有多个分配直浇道时，设有横浇道。阶梯式浇注系统如图 5 – 12 所示。

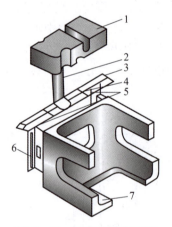

图 5 – 12 阶梯式浇注系统
1—浇口盆；2—主直浇道；3—横浇道；4—阻流段；5—分配直浇道；6—内浇道；7—铸件

阶梯式浇注系统的引流是有要求的，金属液先按底注方式由最下层内浇道引入型腔，待型腔内金属液面接近第二层内浇道时，再由第二层内浇道将金属液引入型腔，以此类推，使金属液由下而上逐层按顺序充填型腔。

阶梯式浇注系统的优点是金属液对铸型的冲击力小，液面上升平稳，并且铸型上部的温度较高，有利于补缩，渣、气易上浮并排入冒口中，同时改善了补缩条件。其缺点是结构较复杂，不便于造型操作，且结构设计与计算要求精确，否则，易出现上下各层内浇道中金属液同时流入型腔的"乱流"现象。阶梯式浇注系统适用于高大且结构复杂、收缩量较大或质量要求较高的铸件。

　　垂直缝隙式浇注系统是阶梯式浇注系统的特殊形式，是金属液由沿铸件全部或部分高度方向设置的单层薄片内浇道进入型腔的浇注系统。

　　由于阶梯式浇注系统造型时内浇道不便于起模，因此，垂直缝隙式浇注系统将多层内浇道改为由一个垂直缝隙式的内浇道与铸件连接的形式，便于造型操作，如图 5 – 13 所示。其充型平稳，有利于定向凝固，有利于获得组织致密的铸件；但造型较复杂，金属消耗多，清理难度大，适用于小型、要求较高的有色合金及铸钢件，也适用于一些高度较大的铸铁实体件和垂直分型铸件。

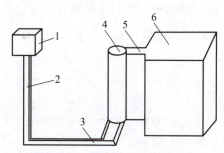

图 5 – 13　垂直缝隙式浇注系统

1—浇口盆；2—主直浇道；3—横浇道；4—分配直浇道；5—缝隙式内浇道；6—铸件

　　对于重型、大型铸件，特别是重要铸件，采用一种形式的浇注系统往往不能满足其要求，可根据铸件情况同时采用两种或更多形式的复合式浇注系统。

　　JB/T 2435—2013《铸造工艺符号及表示方法》规定，浇注系统用红色线表示，并注明各部位尺寸，如图 5 – 14 所示。

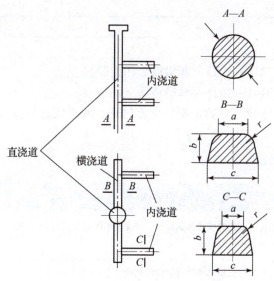

图 5 – 14　浇注系统的工艺符号及表示方法

　　绘制工艺图时，在零件上绘制出浇注系统的结构和型式，标注出各部分的长度、高度，一般还要有直浇道、横浇道、内浇道的剖面图，并标注横截面尺寸。

 **任务实施**

一、个人任务工单

1. 按浇注系统各单元断面积分类，浇注系统分为哪几类？

_____

_____

_____

2. 简述按浇注系统各单元断面积分类的各类浇注系统，及各自的适用范围。

_____

_____

_____

二、团队任务工单

1. 教师将学生分成几个小组，分别完成下面一个或几个题目，并组织讨论。

（1）按内浇道在铸件上的注入位置分类，浇注系统分为哪几类？

_____

_____

_____

（2）阐述按内浇道在铸件上的注入位置分类的各类浇注系统，及各自的适用范围。

_____

_____

_____

（3）查阅 GB/T 7216—2023《灰铸铁金相检验》。

（4）查阅 GB/T 9441—2021《球墨铸铁金相检验》。

2. 每一组推荐一名学生进行汇报，交流讨论，并再次总结自己的收获与经验。

任务评价与反思

序号	评价内容	分值	得分
1	能够分类描述浇注系统的概念及其特点：按浇注系统各单元断面比例关系、按内浇道在铸件上的注入位置分类	10	
2	能够根据材质和铸件结构选择合适的浇注系统	20	
3	能够评价为铸件设计的浇注系统是否合适	20	
4	能够为阀壳提出 2~3 种浇注系统并分析其优缺点	20	
5	能够描述灰铸铁金相检验的试样制备、检验项目。能够识别评级图	20	

序号	评价内容	分值	得分
6	能够计算球铁的球化率；能够描述球墨铸铁的金相试样制备、检验规则	10	
	合计	100	

出现的问题	解决措施

知识拓展

1. 灰铸铁金相检验

灰铸铁中石墨形态分为 A、B、C、D、E、F 等 6 种。石墨长度分为 1~8 级 8 个级别，8 级最细。

GB/T 7216—2023《灰铸铁金相检验》规定了灰铸铁金相检验用试样制备、检验项目和评级图、结果表示和试验报告，还规定了如何评定石墨含量、珠光体含量、碳化物含量、磷共晶含量、共晶团数量分级。

GB/T 7216—2023《灰铸铁金相检验》

2. 球墨铸铁金相检验

球墨铸铁是铁液经过球化处理，凝固过程中碳主要以球状石墨析出的铸铁。

GB/T 9441—2021《球墨铸铁金相检验》规定了球墨铸铁的球化率计算、金相试样制备、检验规则、检验项目和评级图、结果表示和检验报告。

GB/T 9441—2021《球墨铸铁金相检验》

任务二 设计灰铁浇注系统（一）

任务描述

掌握灰铸铁浇注系统设计计算过程、参数的确定。

学习目标

1. 知识目标

（1）掌握灰铸铁浇注时间的确定。

（2）掌握灰铸铁浇注系统的阻流截面尺寸计算方法。

（3）掌握工艺出品率的概念。

2. 能力目标

（1）能够计算灰铸铁的浇注时间。

（2）能够计算灰铸铁浇注系统的阻流截面尺寸。

3. 素养目标

（1）培养爱岗敬业的能力。

（2）培养专心细致的工作作风。

（3）培养创新意识。

知识链接

用阻流截面设计法设计浇注系统结构尺寸，一般先根据小孔出流托里拆利定理，确定浇注系统的最小断面（阻流截面）尺寸，再根据选择的比例关系，确定其他组元的面积及尺寸。计算阻流截面时，需要用到的参数有平均静压头、浇注时间、浇注质量等。计算得到的浇注系统尺寸一般要校核，浇注系统的设计校核主要采用液面上升速度校核、工艺出品率校核。

灰铸铁件的浇注系统设计是根据灰铸铁件的材质、结构、质量、铸型条件及浇注条件等，确定浇注系统类型、结构及其尺寸的过程。通过浇注系统的设计计算，保证金属液以合适的浇注时间注满型腔，并能控制金属液的上升速度，提高铸件质量，减少金属液消耗。

水力学计算法计算灰铸铁件阻流截面面积的算式为

$$S_{阻} = \frac{G_L}{\rho L \mu t \sqrt{2gH_P}} \qquad (5-1)$$

式中　$S_{阻}$——浇注系统最小断面积，cm^2；

　　　G_L——流经阻流截面的金属液总质量，kg；

　　　ρ——金属液密度，kg/m^3；

μ——流量系数；

t——浇注时间，s；

g——重力加速度，$9.81\ m/s^2$；

H_P——平均静压力头高度，cm。

流量系数是反映金属液在铸型中流动阻力大小的系数，金属液流动阻力越大，流量系数越小。

一、流量系数 μ 值

μ 称为浇注系统的流量系数，是有黏性的实际液体流量与无黏性的理想液体流量的比值。

铸铁件的流量系数 μ 值的选取可参考表 5 – 2。

表 5 – 2　铸铁件的流量系数 μ 值

铸型种类	铸型阻力		
	大	中	小
湿型	0.35	0.42	0.50
干型	0.41	0.48	0.60

流量系数 μ 值的确定与浇注系统结构、浇注方式、铸型条件、金属液特性、浇注温度等因素有关。根据具体工艺技术条件，铸铁浇注系统的流量系数可按表 5 – 3 进行修正。

表 5 – 3　铸铁浇注系统流量系数 μ 的修正值

影响 μ 值的因素		μ 的修正值
每提高浇注温度 50 ℃（在大于 1 280 ℃ 的情况下）		0.05 以下
有出气口和明冒口，可减少型腔内气体压力，能使 μ 值增大，当 $\left(\sum A_{出气口} + \sum A_{明冒口}\right)/\sum A_{阻} = 1 \sim 1.5$ 时		0.05 ~ 0.20
直浇道和横浇道的断面积比内浇道大得多时，可减小阻力损失，并缩短封闭前的时间，使 μ 值增大，当 $A_{直}/A_{内} > 1.6$，$A_{横}/A_{内} > 1.3$ 时		0.05 ~ 0.20
浇注系统中在狭小截面之后截面有显著的扩大，阻力减小，μ 值增加		0.05 ~ 0.20
内浇道总断面积相同而数量增多时，阻力增大，μ 值减小	2 个内浇道时	– 0.05
	4 个内浇道时	– 0.10
型砂透气性差且无出气口和明冒口时，μ 值减小		– 0.05 以下
顶注式（相对于中间注入式）能使 μ 值增加		0.10 ~ 0.20
底注式（相对于中间注入式）能使 μ 值减小		– 0.10 ~ 0.20
注：封闭式浇注系统中 μ 的最大值为 0.75，如计算结果大于此值，仍取 $\mu = 0.75$。		

二、浇注时间的确定

液态金属从开始进入铸型到充满铸型所经历的时间称为浇注时间，用 t 表示。浇注时间的长短对铸件质量有直接的影响，如果浇注时间太短，则型腔中的气体难以排除，铸件会产生气孔，且金属液流速过大，容易冲击铸型和型芯，并引起胀砂和抬型。如果浇注时间过长，则铸件容易产生浇不到、冷隔、氧化夹渣和变形等缺陷，特别是铸型受到长时间的辐射烘烤，容易产生开裂，引起夹砂、粘砂缺陷。

合理的浇注时间是指不产生上述缺陷的时间范围。影响浇注时间的因素有合金的种类、浇注温度、浇注系统的类型、铸件结构（壁厚、尺寸、复杂程度等）和铸型的种类等。目前主要通过计算经验公式和查取经验数据来确定浇注时间，这些公式和数据是经验的积累，仅供参考。

1. 初步确定浇注时间

1）计算法确定浇注时间

根据经验公式计算浇注时间，如表 5-4 所示。其中，t 为浇注时间；S、S_1、S_2 为系数；δ 为铸件主要壁厚；G 为浇注质量（包括浇注系统和冒口部分质量在内的金属液质量）。

表 5-4　计算灰铸铁浇注时间的经验公式

浇注质量	浇注时间/s	系数
<450 kg	$t=S\sqrt{G}$	铸件壁厚为 3~5 mm 时，$S=1.63$； 壁厚为 6~8 mm 时，$S=1.85$； 壁厚为 9~15 mm 时，$S=2.2$
<10 t	$t=S_1\sqrt[3]{\delta G}$	一般情况下 $S_1=2$； 当含碳量小于 3.3% 时，铁液含硫较高，流动性差，浇注温度较低，或底注而冒口在顶部，或有内冷铁等需要快浇时，$S_1=1.7~1.9$； 当铸件壁厚较厚而质量要求较高，需要快浇，避免烘烤时间过长使涂料层脱碳，$S_1=1.2~1.7$
>10 t	$t=S_2\sqrt{G}$	铸件壁厚 <10 mm 时，$S_2=1.11$； 壁厚为 11~20 mm 时，$S_2=1.44$； 壁厚为 21~40 mm 时，$S_2=1.66$； 壁厚 >40 mm 时，$S_2=1.89$

2）经验值法确定浇注时间

企业经常采用的经验值如表 5-5 所示。

表 5 – 5　根据铸件质量经验值法确定灰铸铁件的浇注时间

浇注质量/kg	浇注时间/s
< 250	4 ~ 6
250 ~ 500	5 ~ 8
500 ~ 1 000	6 ~ 20
1 000 ~ 3 000	10 ~ 30
> 3 000	20 ~ 60

2. 浇注时间的校核

计算的浇注时间需要验证其合理性。以液面上升速度进行验算，验算方法是先计算液面上升速度，然后与最小液面上升速度进行比较。

对于结构复杂及大型铸件，在浇注时间确定后，需验算型内液面的上升速度。平均液面上升速度为

$$V_L = \frac{H_C}{t} \tag{5 – 2}$$

式中　V_L——型内液面上升速度，cm/s；

　　　　H_C——铸件在浇注位置时的高度，cm；

　　　　t——浇注时间，s。

V_L 数值应大于表 5 – 6 中所示参考值。

表 5 – 6　最小型内液面上升速度与铸件壁厚的关系

铸件壁厚 δ/mm	$V_L/(\text{cm} \cdot \text{s}^{-1})$
1.5 ~ 4	3 ~ 10
4 ~ 10	2.0 ~ 3.0
10 ~ 40	1.8 ~ 2.0
>40，水平位置浇注	0.8 ~ 1.0
>40，上箱为大平面	2.0 ~ 3.0

计算结果如液面上升速度大于最小液面上升速度，则计算浇注时间的结果合理。如液面上升速度小于最小液面上升速度，则需要采取相应的工艺措施，主要有以下几点。

（1）强制缩短浇注时间，提高浇注速度，即增大阻流截面面积。

（2）倾斜浇注，如图 5 – 15 所示。图 5 – 15 中倾斜的角度大小 α 或垫高尺寸 C 需要通过计算确定。

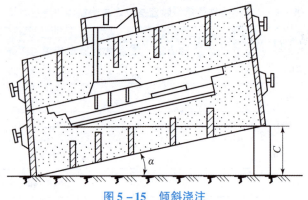

图 5 – 15 倾斜浇注

倾斜后浇注应满足浇注时的液面上升速度大于最小液面上升速度。采用这种方式需要保证下砂型的强度，以防止漏箱缺陷。

漏箱缺陷属于少肉类缺陷，表现为铸件内有严重的空壳状残缺，其原因是浇注的金属液从铸型底部漏出。另外一个少肉类缺陷——跑火，是因浇注过程中金属液从分型面处流出而产生的铸件分型面以上部分严重凹陷和残缺。跑火有时会沿未充满的型腔表面留下类似飞翅的残片。

（3）采用"平做立浇"的方法，即水平造型。浇注时将铸型转 90°后竖立进行浇注。但是，这种方法对砂箱、地坑、行车等均有特殊的要求。

三、浇注质量 G_L 的计算

浇注质量是指铸件质量与浇冒口质量之和。由于浇注系统设计阶段不能准确计算浇冒口质量，因此一般采用经验比例的方法进行估值计算。

通常，通过工艺出品率来进行估算。其计算式为

$$\text{工艺出品率} = \frac{\text{铸件质量}}{\text{铸件质量} + \text{浇冒口质量}} \quad\quad (5-3)$$

生产中，可采用表 5 – 7 所示的铸铁件工艺出品率。

表 5 –7 铸铁件工艺出品率

铸件质量/kg	大量流水生产/%	成批生产/%	单件小批生产/%
<100	75 ~ 80	70 ~ 80	65 ~ 75
100 ~ 1 000	80 ~ 85	80 ~ 85	75 ~ 80
>1 000	—	85 ~ 90	80 ~ 90

四、平均静压头 H_P

在浇注时，静压头是指实际作用于内浇道处的压头。

在浇注过程中，由于液面上升至分型面以上时，静压头是不断变化的，需要使用平均静压头 H_P 来计算阻流截面面积。

图 5 – 16 所示为平均静压头 H_P 计算示意。图 5 – 16 中 h 为内浇道以上的金属液压头，在 $H_{小} \sim H_0$ 范围内变化。

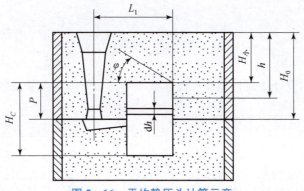

图 5 – 16   平均静压头计算示意

平均静压头 H_P 计算式为

$$H_P = H_0 - \frac{P^2}{2H_C} \qquad (5-4)$$

式中 H_P——内浇道以上的金属液压头，等于内浇道至浇口盆液面的高度，cm；

H_0、$H_{小}$——静压头的最大值和最小值，cm，H_0 是直浇道的高度；

H_C——浇注时铸件高度，cm；

P——内浇道以上的铸件高度，cm。

在不同的浇注情况下，H_P 可简化计算，如表 5 – 8 所示。

表 5 – 8   不同浇注形式的平均静压头高度 H_P 计算公式

浇注形式	图例	公式
底部注入		$P = H_C$ $H_P = H_0 - 0.5H_C$
中间注入		$P = 0.5H_C$ $H_P = H_0 - 0.125H_C$
顶部注入		$P = 0$ $H_P = H_0$

 任务实施

一、个人任务工单

1. 用阻流截面设计法设计铸铁件浇注系统时，如何确定流量系数 μ？

_____

_____

_____

2. 用阻流截面设计法设计铸铁件浇注系统时，如何确定浇注时间？

_____

_____

_____

二、团队任务工单

1. 教师将学生分成几个小组，分别完成下面一个或几个题目，并组织讨论。

（1）用阻流截面设计法设计铸铁件浇注系统时，如何确定浇注质量 G_L？

_____

_____

_____

（2）用阻流截面设计法设计铸铁件浇注系统时，如何确定平均静压头 H_P？

_____

_____

_____

（3）查阅 GB/T 9437—2009《耐热铸铁件》。

2. 每一组推荐一名学生进行汇报，交流讨论，并再次总结自己的收获与经验。

任务评价与反思

序号	评价内容	分值	得分
1	能够描述铸铁浇注时间的概念并会计算浇注时间	10	
2	能够描述灰铸铁流量系数的概念，并能合理选择流量系数	10	
3	能够描述平均静压头的概念，并能计算平均静压头	10	
4	能够描述铸造工艺出品率的概念，并掌握铸铁、铸钢、有色合金用不同铸造方法的铸造工艺出品率范围	10	

序号	评价内容	分值	得分
5	能够利用阻流截面尺寸法设计计算灰铸铁浇注系统的尺寸	30	
6	能够评价灰铸铁的浇注系统尺寸是否正确	20	
7	能够描述耐热铸铁的牌号、主要性能指标	10	
合计		100	

出现的问题	解决措施

知识拓展

1. 耐热铸铁件

耐热铸铁是指可以在高温下使用，其抗氧化或抗生长性能符合使用要求的铸铁。GB/T 9437—2009《耐热铸铁件》规定了耐热铸铁的技术要求、试验方法、检验规则、标志和质量说明书、防锈、包装和贮存等要求。

GB/T 9437—2009《耐热铸铁件》

任务四 设计灰铁浇注系统（二）

任务描述

掌握灰铸铁浇注系统设计计算过程、参数的确定。

学习目标

1. 知识目标

（1）确定灰铸铁浇注系统组元的结构。

（2）确定灰铸铁浇注系统组元的尺寸。

2. 能力目标

（1）计算灰铸铁浇注系统组元的横截面积。
（2）确定灰铸铁浇注系统组元的横截面尺寸。

3. 素养目标

（1）具备解决工程问题的系统性分析和选取抉择能力。
（2）培养艰苦奋斗的意识。
（3）具有良好的职业道德和职业素质。

知识链接

本部分继续设计铸铁件的浇注系统。

一、内浇道的设计

内浇道的设计内容包括内浇道的截面形状及其尺寸、长度、开设数量及开设位置等。内浇道的截面面积由其与阻流截面的比例关系确定，最小截面面积不宜小于 $0.4\ cm^2$，再依据截面形状对应的尺寸关系确定截面尺寸（长、宽、高、半径等）。

内浇道的长度主要依据横浇道与铸件的间距确定，与横浇道的位置和吃砂量有关，一般最小长度为 45 mm，在横浇道的位置确定后进行计算，如图 5-17 所示。内浇道的长度也可查取相关手册中的数据。

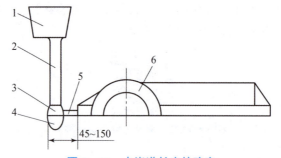

图 5-17　内浇道长度的确定

1—浇口盆；2—直浇道；3—横浇道；4—浇口窝；5—内浇道；6—铸件

有的企业积累了自己的生产经验，根据铸件质量、壁厚来大致确定内浇道的数量。以铸件质量为 200~500 kg，壁厚为 5~8 mm 时为例，内浇道的数量如表 5-9 所示。

表 5-9　内浇道的数量

铸件质量/kg	内浇道		内浇道数量/个
	截面积/cm²	长度/mm	
200~250	1.5~1.75	45~50	8~9
250~300	1.6~1.75	45~50	8~9

铸件质量/kg	内浇道		内浇道数量/个
	截面积/cm²	长度/mm	
300~350	1.75~2.0	45~50	8~9
350~400	1.85~2.0	45~50	8~9
400~450	2.0~2.1	50~55	9~10
450~500	2.1~2.25	50~55	9~10

二、横浇道的设计

横浇道的设计内容主要包括设计挡渣结构，确定截面形状及尺寸、长度等。挡渣结构主要考虑是否使用阻流方式、集渣包、滤网等，如要使用，还应进一步确定其位置和数量。

横浇道的截面面积依据浇注系统各组元截面比例关系及阻流截面面积确定，横浇道一般使用梯形和高梯形截面，其尺寸由截面面积大小和截面形状确定，与内浇道截面尺寸的确定方法基本一致。

横浇道的位置也是一个必须确定的参数。横浇道与铸件或型腔之间要有吃砂量，根据铸件大小，横浇道与砂箱壁内侧之间一般至少有20~50 mm的吃砂量。

横浇道的长度主要依据横浇道的位置、内浇道的数量及其引入位置来确定，首先要保证横浇道末端与最后一个内浇道之间的距离大于70~150 mm，再根据内浇道的数量及其间距来确定横浇道的总长度。

三、直浇道的设计

直浇道的设计主要是确定截面面积、截面形状、截面尺寸，以及直浇道的高度。直浇道的截面面积依据浇注系统各组元截面比例关系确定，截面形状一般采用圆形，根据截面面积计算出直径即可，一般为$\phi15~\phi100$ mm。小于$\phi15$ mm，会给浇注、充型带来困难，超过$\phi100$ mm则很罕见，过粗的直浇道可用两个较细的直浇道代替。

确定直浇道的高度意味着要确定上砂箱的高度，并能保证以较大的压头使铸型能够被充满。以图5-16为例，$H_小$为浇注时能充满铸型的最小压头，等于铸件顶面至浇口杯液面的垂直距离；L_1为直浇道中心至铸件最高以及最远点的水平距离；φ为压力角。最小压头$H_小$的计算式如下。

$$H_小 = L_1 \tan \varphi_{\min} \tag{5-5}$$

铸造工艺设计时，应使φ大于保险压力角$\varphi_{\min}$，又称最小压力角，如表5-10所示。

表 5 - 10 保险压力角 φ_{min}

铸件质量/ kg	L_1 /mm													
	4 000	3 000	2 800	2 600	2 400	2 200	2 000	1 800	1 600	1 400	1 200	1 000	800	600
3 ~ 5	按位置具体确定										10 ~ 11	11 ~ 12	12 ~ 13	13 ~ 14
5 ~ 8	6 ~ 7	6 ~ 7	6 ~ 7	7 ~ 8	8 ~ 9	8 ~ 9	8 ~ 9	8 ~ 9	8 ~ 9	8 ~ 9	9 ~ 10	9 ~ 10	9 ~ 10	10 ~ 11
8 ~ 15	5 ~ 6	5 ~ 6	6 ~ 7	6 ~ 7	6 ~ 7	7 ~ 8	7 ~ 8	7 ~ 8	7 ~ 8	8 ~ 9	9 ~ 10	9 ~ 10	10 ~ 11
15 ~ 20	5 ~ 6	5 ~ 6	5 ~ 6	6 ~ 7	6 ~ 7	6 ~ 7	7 ~ 8	7 ~ 8	7 ~ 8	7 ~ 8	7 ~ 8	8 ~ 9	9 ~ 10
20 ~ 25	5 ~ 6	5 ~ 6	5 ~ 6	6 ~ 7	6 ~ 7	6 ~ 7	7 ~ 8	7 ~ 8	7 ~ 8	7 ~ 8	7 ~ 8	7 ~ 8	8 ~ 9
25 ~ 35	4 ~ 5	4 ~ 5	5 ~ 6	5 ~ 6	5 ~ 6	5 ~ 6	6 ~ 7	6 ~ 7	6 ~ 7	6 ~ 7	6 ~ 7	7 ~ 8	7 ~ 8
35 ~ 45	4 ~ 5	4 ~ 5	4 ~ 5	4 ~ 5	4 ~ 5	5 ~ 6	6 ~ 7	6 ~ 7	6 ~ 7	6 ~ 7	6 ~ 7	6 ~ 7	6 ~ 7
备注	用两个或更多的直浇道注入金属液（如从铸件两端注入）时，L_1 则取铸件平分线至直浇道中心线的距离										用一个直浇道注入金属液			

保险压力角确定后，可以据此计算最小压头 $H_{小}$，然后进一步计算直浇道的最小高度。直浇道最小高度应等于分型面至浇口盆液面的距离减去浇口盆的深度。同时，据此可以确定上砂箱的高度。计算时，应注意浇口盆单独制作并施放在上砂箱顶面的情况。

树脂砂型浇注系统总截面积可比黏土砂型大 50% 左右，以利于金属液快速充型。当采用封闭式浇注系统时，浇道截面比例可取 $S_{内}:S_{横}:S_{直}=1:1.25:1.25$。

四、浇口杯（盆）的设计

浇口杯的尺寸必须保证其容量满足直浇道的流量要求，以发挥挡渣作用。浇口杯中的金属液质量可以由单位时间内进入铸型的金属液量乘以系数计算如下。

$$G_{杯}=\frac{G}{t}\cdot m \tag{5-6}$$

式中　$G_{杯}$——浇口杯中的金属液质量，kg；

G——浇注质量，kg；

t——浇注时间，s；

m——与铸件质量有关的系数，如表 5 - 11 所示。

表 5 - 11 铸件质量与系数 m 的关系

铸件质量/kg	<100	101 ~ 500	501 ~ 1 000	1 001 ~ 5 000	5 001 ~ 50 000
m	3	4	6	7.5	8

浇口杯的深度值应保证大于直浇道直径的 6 倍以上，以避免产生水平涡流。可依据浇口杯中金属液容量及浇口杯深度等主要参数，结合铸型的情况确定浇口杯的其他尺寸。

 **任务实施**

一、个人任务工单

1. 阐述如何进行灰铸铁内浇道的设计。

_____

_____

_____

2. 阐述如何进行灰铸铁横浇道的设计。

_____

_____

_____

3. 阐述如何进行灰铸铁直浇道的设计。

_____

_____

_____

二、团队任务工单

1. 教师将学生分成几个小组，分别完成下面一个或几个题目，并组织讨论。

（1）简述灰铸铁浇注系统设计的步骤与方法。

_____

_____

（2）查阅 T/CFA 020209.1—2019《铸造用纸质浇道管、浇口杯》。

（3）查阅 T/CFA 010602.2.01—2018《铸铁第 1 部分：材料和性能设计》。

（4）查阅 T/CFA 0106023—2021《灰铸铁件焊补规范》。

2. 每一组推荐一名学生进行汇报，交流讨论，并再次总结自己的收获与经验。

任务评价与反思

序号	评价内容	分值	得分
1	能够描述灰铸铁浇注系统设计计算过程、参数的确定	15	
2	能够计算灰铸铁浇注系统组元的横截面积、确定横截面尺寸	25	
3	能够校验灰铸铁浇注系统组元的尺寸是否合适	20	
4	能够描述铸造用纸质浇道管、浇口杯的产品分类和编号方法、技术要求、检验方法	20	

序号	评价内容	分值	得分
5	能够描述灰铸铁焊补的材料、焊补流程、焊补要求、检验和评定	20	
合计		100	

出现的问题	解决措施

知识拓展

1. 铸造用纸质浇道管、浇口杯

铸造用纸质浇道管、浇口杯是以纸纤维为主要原料，添加其他添加剂专门为铸造浇注用的浇道管、浇口杯。产品分为浇道管和浇口杯。T/CFA 020209.1—2019《铸造用纸质浇道管、浇口杯》规定了铸造用纸质浇道管、浇口杯的术语和定义、产品分类和编号方法、技术要求、检测方法、判定规则，及标志、包装、运输、储存和储存期。本标准适用于铸造（铸铁、铸钢）用纸质浇道管、浇口杯。

T/CFA 020209.1—2019《铸造用纸质浇道管、浇口杯》

2. T/CFA 010602.2.01—2018《铸铁第1部分：材料和性能设计》

设计者和工程技术人员首先提出的问题可能有使用铸铁材料的条件、铸铁材料的应用选择、选择铸铁和牌号的要求、铸铁材料的优点。T/CFA 010602.2.01—2018《铸铁第1部分：材料和性能设计》提供了大量有关铸铁冶金方面的资料和数据，阐明铸铁材料能满足哪些要求，不能满足哪些要求，帮助设计师和工程师理解铸铁材料，以便充分利用铸铁材料的优点。

T/CFA 010602.2.01—2018《铸铁第1部分：材料和性能设计》

任务五 设计铸钢件浇注系统

任务描述

掌握铸钢件浇注系统设计计算过程、参数的确定。

学习目标

1. 知识目标

（1）掌握铸钢件浇注系统的特点。

（2）掌握铸钢件浇注时间的确定。

（3）掌握铸钢件浇注系统各组元截面积和尺寸的设计方法。

2. 能力目标

（1）能够根据三种方法计算出铸钢浇注时间。

（2）能够设计铸钢件的浇注系统。

3. 素养目标

（1）具备结合本专业特性开展专业领域设计、创新的能力。

（2）具备解决工程问题的系统性分析和选取抉择能力。

知识链接

一、铸钢件浇注系统的特点

（1）铸钢的熔点高，浇注温度高。钢液对砂型的热作用大，且冷却快，流动性差，因此要求以较大的截面积、较短的时间、较低的流速平稳浇注。

（2）钢液容易氧化，应避免涡流、流股分散和飞溅。

（3）铸钢件体收缩大，易产生缩孔、缩松，需按定向凝固的原则设计浇注系统，除了按有利于补缩的方案设置浇注系统外，还应配合使用冷铁、收缩筋，拉筋等。

（4）铸钢件线收缩约为铸铁的 2 倍，收缩时内应力大，容易产生热裂、变形，故浇冒口的设置应尽量减小对铸件收缩的阻碍。

（5）铸钢件通常采用漏包（底注包）浇注，漏包的注孔是浇注系统的一个组元，如图 5-18 所示。漏包浇注保温性能好，流出的钢液夹杂物少，但漏包浇注时压力大，易冲坏浇道，因此中、大型铸钢件的直浇道通常使用耐火材料管。当每个内浇道流经的钢水量超过 1 t 时，内浇道和横浇道也用耐火材料管。

二、铸钢件浇注系统设计原则

（1）保证钢液平稳地注入铸型，尽量减轻紊流和飞溅。

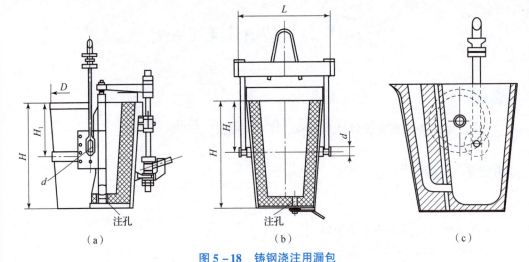

（a）　　　　　　　　　　（b）　　　　　　　　　　（c）

图 5 – 18　铸钢浇注用漏包

（a）塞杆式漏包；（b）滑动水口式漏包；（c）茶壶包

（2）内浇道的位置应尽量缩短金属液在型内流动的距离，以避免铸件产生浇不到或冷隔等缺陷。

（3）形状复杂的薄壁铸钢件内浇口设置，应避免钢液直接冲击型壁或砂芯。尽量使钢液沿切向进入型内，或使内浇道向铸件方向截面扩大，以减小冲击作用。

（4）内浇道应避免开在芯头边界或靠近冷铁、芯撑的部位。

（5）圆筒形铸件的内浇道应沿切线方向开设，钢液在型内旋转有利于将钢液内的夹杂浮进冒口。

（6）需要补缩的铸件，内浇道应促使其定向凝固。薄壁均匀、不设冒口的铸件，内浇道应促使其同时凝固。选择内浇道位置时应尽量避免使铸件因产生内应力而导致变形或开裂。

（7）对于高度超过 600 mm 的铸件，需采用阶梯式浇注系统。下层内浇道距铸件底面一般为 200～300 mm，如型腔下部放有内冷铁，距离还可增大。相邻两层内浇道距离一般为 400～600 mm。浇注大型铸钢件一般采用缓冲式直浇道，以防止上层内浇道过早地进入钢液，如图 5 – 19 所示。

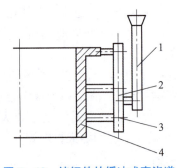

图 5 – 19　铸钢件的缓冲式直浇道

1—缓冲式主直浇道；2—分配直浇道；3—内浇道；4—铸件

三、铸钢件浇注系统设计

1. 转包浇注铸钢件浇注系统的尺寸

大批量生产小型铸钢件时，常采用转包浇注。这种情况多采用封闭式或半封闭式浇注系统，以加强挡渣能力。

浇注系统横截面积比为

$$\sum A_内 : \sum A_横 : \sum A_直 = 1.0 : (0.8 \sim 0.9) : (1.1 \sim 1.2) \tag{5-7}$$

企业经验总结得到的铸钢件内浇道总的横截面积如表5-12所示。表5-12中的铸件的相对密度是铸件的质量（kg）除以铸件的轮廓体积。

表5-12　铸钢件内浇道总的横截面积 $\sum A_内$

钢液总质量/ kg	铸件相对密度/（g·cm⁻³）						
	≤1.0	1.0~2.0	2.0~3.0	3.0~4.0	4.0~5.0	5.0~6.0	>6.0
20	7.5	7.7	6.2	5.4	4.5	4.0	3.4
50	14.2	12.0	9.8	9.0	7.2	6.2	5.3
100	21.2	17.8	13.9	12.1	10.2	8.8	7.7
160	25.5	21.0	17.7	13.9	12.1	11.0	9.7
200	29.8	24.0	20.3	16.3	14.0	12.2	11.4

从表5-12中查得内浇道总的横截面积后，再除以内浇道个数，就可以得到单个内浇道的横截面积。可从表5-13中查得内浇道、横浇道的横截面尺寸。

表5-13　铸钢件梯形内浇道、横浇道的横截面尺寸

浇道横截 面积/cm²	a/mm	b/mm	h/mm	a/mm	b/mm	h/mm	a/mm	b/mm	h/mm
0.6	18	16	3.5	11	9	6.0	8.5	6.5	8.0
1.8	31	28	6.0	20	16	10.0	14.5	10.5	14.5
5.0	51	47	10.0	33	28	17.0	24	18	24.0
8.0	64	60	13.0	42	35	21.0	30	24	30.0
10.0	73	65	14.5	46	40	23.0	32	26	34.0

2. 底包浇注铸钢件浇注系统的尺寸

根据铸件质量、结构特点计算出铸件的浇注时间和速度，再根据浇注速度选出相应的包孔，最后根据包孔尺寸确定浇注系统各单元的截面尺寸。

1）浇注时间 t

当铸钢件质量小于10 t时，计算浇注时间的算式为

$$t = S_1 \sqrt[3]{\delta G_L} \tag{5-8}$$

式中　G_L——浇注总质量，kg；

δ——铸件平均壁厚，mm；

S_1 的选取如表 5-14 所示。

表 5-14　系数 S_1 的选择

钢液质量 G_L/t	铸件平均壁厚 δ/mm			
	≤25	25~40	40~60	>60
1.0~6.0	1.3	1.2	1.1	1.0
6.0~10.0	1.4	1.3	1.2	1.1

注：对于技术要求低且形状简单的铸件，S_1 加大 0.1~0.2；对于技术要求高或大型薄壁铸件，S_1 可减少 0.1。

当铸钢件质量大于 10 t 时，计算浇注时间的算式为

$$t = S_2 \sqrt{G_L} \tag{5-9}$$

S_2 的选取如表 5-15 所示。

表 5-15　系数 S_2 的选择

钢液质量 G_L/t	铸件相对密度/(g·cm^{-3})					
	≤1	1~2	2~3	3~4	4~5	>5
10.0~50.0	1.2	1.3	1.4	1.5	1.6	1.7
>50.0	1.1	1.2	1.3	1.4	1.5	1.6

注：技术要求高或大型薄壁铸件，S_2 可减少 0.1。

表 5-16 所示为根据式（5-8）、式（5-9）计算出的经验数据，可直接查取（供参考）。

表 5-16　铸钢件质量和浇注时间的关系

铸钢件质量/t	浇注时间/s
0.5~1.0	12~20
1.0~3.0	20~350
3.0~5.0	50~80
5.0~10.0	60~80
>10.0	80~150

注：2 个包孔时，时间减半。

计算出钢液浇注时间后，平均液面上升速度不能小于表 5-17 中的值。

表 5-17　钢液在型腔总最小液面上升速度

铸件厚度 δ/mm	上升速度 V_L/(mm·s^{-1})
>40	8~20
30~40	13~16

铸件厚度 δ/mm	上升速度 V_L/(mm·s^{-1})
20~30	30~36
10~20	120~140

注：多层浇注系统的铸件，V_L 值可分层计算。

2）包孔截面积

为保证浇注过程中钢液出包速度满足浇注要求，其关系式为

$$1.3\frac{G_L}{t}=0.248A_{包}\sqrt{H_0} \tag{5-10}$$

式中，计算包孔截面积的算式为

$$A_{包}=5.24\frac{G_L}{t\sqrt{H_0}} \tag{5-11}$$

式中 $A_{包}$——包孔截面积，cm^2；

H_0——钢包中的钢液静压头，cm，可取浇注过程中的平均值。

表 5-18 所示为不同包孔直径与钢液浇注速度的对照表。

表 5-18 不同包孔直径所对应的钢液浇注速度

包孔直径/mm	30	35	40	45	50
浇注速度/(kg·s^{-1})	10	20	27	42	55
包孔直径/mm	55	60	70	80	100
浇注速度/(kg·s^{-1})	72	90	120	150	195

3）截面尺寸

从包孔截面积 $A_{包}$ 可以计算出包孔的直径 $\phi_{包}$。

采用底包浇注时，开放式浇注系统的各单元截面积的比例可采用

$$\sum A_{包}:\sum A_{直}:\sum A_{横}:\sum A_{内}=1.0:(1.8-2.0):(1.8-2.0):(2.0-2.5) \tag{5-12}$$

求出，若是采用耐火管可直接求出直径，如表 5-19 所示。

表 5-19 铸钢件耐火管浇注系统直径

包孔直径/mm	直浇道直径/mm	横浇道直径/mm		内浇道直径/mm			
		1 个横浇道	2 个横浇道	40	60	80	100
35	60	60	40	2	1		
40	60	60	40	2	1		
45	60	60	40	3	1		
55	80	80	60	4	2	1	

包孔直径/mm	直浇道直径/mm	横浇道直径/mm		内浇道直径/mm			
		1个横浇道	2个横浇道	40	60	80	100
70	100	100	80	6	3	2	1
80	120	120	80	8	4	2	1
100	140	140	100	13	6	3	2

若是选用梯形横浇道、内浇道，截面尺寸如表5-20所示。

表 5-20　铸钢件梯形浇注系统横截面尺寸

包孔直径/mm	直浇道直径/mm	横浇道						内浇道												
		1个			2个			1个			2个			3个			4个		
		a	b	c	a	b	c	a	b	c	a	b	c	a	b	c	a	b	c
35	60	35	45	45	25	35	30	45	55	40	30	40	30	25	35	25	20	30	20
40	60	45	55	50	30	40	35	55	65	45	35	45	35	30	40	25	25	35	25
45	60	50	60	55	35	45	40	60	70	45	35	45	35	30	40	30	25	35	30
50	80	55	65	65	35	45	45	75	85	50	40	50	45	35	45	35	30	40	30
55	80	65	75	65	40	50	50	90	100	50	45	55	50	30	40	40	30	40	35

 任务实施

一、个人任务工单

1. 阐述铸钢件浇注系统有哪些特点。

_____

_____

2. 阐述铸钢件浇注系统设计原则有哪些。

_____

_____

3. 简述设计铸钢件浇注系统的步骤。

_____

_____

_____

二、团队任务工单

1. 教师将学生分成几个小组，分别完成下面一个或几个题目，并组织讨论。

(1) 如何确定并校核铸钢件的浇注时间？

_____

_____

_____

(2) 如何确定钢件浇注系统各个组元的尺寸？

_____

_____

_____

(3) 查阅 GB/T 5613—2014《铸钢牌号表示方法》。

(4) 查阅 GB/T 5677—2018《铸件　射线照相检测》。

(5) 查阅 T/CFA 020101163—2021《大型齿圈铸钢件技术规范》。

2. 每一组推荐一名学生进行汇报，交流讨论，并再次总结自己的收获与经验。

任务评价与反思

序号	评价内容	分值	得分
1	能够描述铸钢浇注系统的特点	10	
2	能够描述铸钢件浇注系统设计计算过程、参数的确定	20	
3	能够确定、校核铸钢的浇注时间	20	
4	能够设计计算铸钢浇注系统各组元截面积和尺寸	20	
5	能够审核铸钢件的浇注系统设计是否合理	20	
6	能够描述铸钢代号、以力学性能和化学成分表示的铸钢牌号	10	
合计		100	
出现的问题		解决措施	

知识拓展

1. 铸钢牌号的表示方法

铸钢是在凝固过程中不经历共晶转变的，用于生产铸件的铁基合金的总称，分为铸造碳钢和铸造合金钢量两大类。铸造碳钢是以碳为主要合金元素并含有少量其他元素的铸钢，根据含碳量高低可分为低碳钢、中碳钢和高碳钢，一般指工程用铸造碳钢。铸造合金钢是为改善性能而添加的合金元素含量超过铸造碳钢范围的铸钢，按合金元素含量分为微合金铸钢、低合金铸钢、中合金铸钢和高合金铸钢。

GB/T 5613—2014《铸钢牌号表示方法》规定了铸钢牌号用代号、化学元素符号、名义含量及力学性能进行表示的方法，适用于各种铸钢。

GB/T 5613—2014《铸钢牌号表示方法》

2. 铸钢件的射线照相检测

射线照相是在不破坏或不损害被检材料和工件的情况下，用 X 射线或 γ 射线来检测材料和工件，并以射线照相胶片作为记录介质和显示方法的一种无损检方法。

GB/T 5677—2018《铸件　射线照相检测》规定了按 GB/T 19803 和 GB/T 19943 指定的规程，进行铸钢件 X 射线和 γ 射线照相检测的一般要求，适用于各种铸造方法生产的铸钢件。

GB/T 5677—2018《铸件　射线照相检测》

3. 大型齿圈铸钢件

齿圈是广泛应用于建材、冶金、化工、环保等许多生产行业，对固体物料进行机械、物理或化学处理的回转窑中重要传动装置的核心联动部分，其通常采用铸造方式成型。因而其铸造质量直接决定了回转窑传动装置的平稳性、回转窑运转的稳定性、窑内衬的使用寿命及回转窑运转率。目前大型齿圈的材质一般为铸钢。

为规范国内大型齿圈铸钢件的生产和验收，推动大型齿圈铸钢件质量的提升，提高回转窑的使用寿命，T/CFA 020101163—2021《大型齿圈铸钢件技术规范》规定了大型齿圈铸钢件的总体要求、技术要求、制造工艺、试验方法和检验规则、质量证明书、标识、防护、包装和运输。该标准适用于直径不小于 3 m 的大型齿圈铸钢件的制造和验收。

T/CFA 020101163—2021《大型齿圈铸钢件技术规范》

模块六　设计冒口

任务一　冒口的分类和设计原则

大国工匠6

任务描述

掌握冒口的分类和设计原则、形状，以及形状和位置的选择。

学习目标

1. 知识目标

（1）掌握冒口设计条件。

（2）掌握冒口安放原则。

2. 能力目标

（1）能够根据铸件的结构安放合适的冒口。

（2）能够准确在工艺图上识别各类冒口类型。

3. 素养目标

（1）具备解决工程问题的系统性分析和选取抉择能力。

（2）培养热爱劳动的意识。

（3）培养团队合作与沟通能力。

知识链接

液态金属浇入铸型后，在凝固箱冷却过程中会产生体收缩。体收缩可能导致铸件最后凝固部分产生缩孔和缩松。体收缩较大的铸造合金如铸钢、可锻铸铁及某些有色合金铸件，经常产生这类缺陷。

冒口是为了防止缩孔和缩松缺陷，在铸型内人为设置的储存金属液的结构体，用以补偿铸件形成过程中可能产生的收缩，起防止铸件产生缩孔、缩松的作用，通常冒口还有排气、集渣、引导充型的作用。为了生产出致密无缩孔、无缩松的铸件，冒口是不可缺少的工艺措施之一，冒口的设计在工艺设计中占有十分重要的位置。

一、冒口设计的基本原则

（1）冒口的凝固时间应不小于铸件被补缩部分在凝固过程中的收缩时间。

（2）冒口所能提供的补缩金属液量应不小于铸件的液态收缩、凝固收缩和型腔扩大量之和。

（3）在整个补缩过程中，冒口和铸件需要补缩部分之间应存在通道。

（4）冒口体内要有足够的补缩压力，使补缩金属液能够定向流动到补缩对象区域，以克服流动阻力，保证铸件在凝固过程中一直处于正压状态，即补缩过程终止时，冒口中还有一定高度的残余金属液压头。

（5）冒口和铸件连接形成的接触热节应不大于铸件的几何热节，以避免因为冒口设置而大大延长铸件的凝固时间。

二、冒口的种类

冒口的分类如图 6-1 所示。

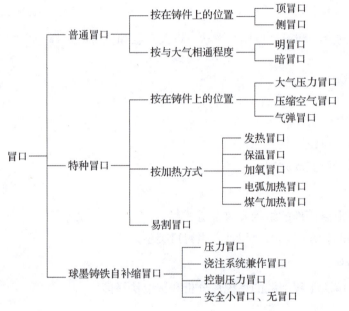

图 6-1　冒口的分类

按照冒口在铸件上的位置分类，普通冒口可分为顶冒口和侧冒口（边冒口）两类；按冒口顶部是否与大气相通，普通冒口分为明冒口和暗冒口。

顶冒口一般位于铸件最厚部位的顶部，这样可以利用金属液的重力进行补缩，提高冒口的补缩效果，而且有利于排气和浮渣。采用明顶冒口，造型方便，能观察到铸型中金属液的上升情况，便于向冒口中补缩金属液，可以在冒口顶面撒发热剂以减缓冒口冷却速度。但因顶部敞开，散热较快，同样体积的冒口，明冒口较暗冒口的补缩效率低。明顶冒口对砂箱高度无特殊要求，当砂箱高度不够时可设辅助冒口圈，而暗顶冒口要求砂箱高于冒口。因此对于大、中型铸件，尤其是单件、小批量生产的铸钢件，经常采用明顶冒口；而中、小铸件则多用暗顶冒口。

当热节在铸件的侧面时常采用侧冒口，尤其是机器造型的可锻铸铁、球墨铸铁件。

侧冒口补缩效果好，造型方便，冒口容易去除，因此应用非常广泛。侧冒口也有明侧冒口和暗侧冒口之分，实际生产中多采用暗侧冒口。采用侧冒口的优点是可依热节位置就近设置冒口，缺点是需占用较大的砂箱面积，当热节不在分型面时会给造型带来麻烦。

常用的特种冒口有大气压力冒口、加压冒口和加热冒口等，它们比普通冒口有更高的补缩效率。

三、冒口的形状

冒口的形状直接影响它的补缩效果，为了降低冒口的散热速度、延长冒口的凝固时间，应该尽量减少冒口的表面积。最理想的冒口形状是球形，但因起模困难，目前尚未普遍采用。实际生产中应用得最多的是圆柱形、球顶圆柱形、腰圆柱形冒口，如图6-2所示。

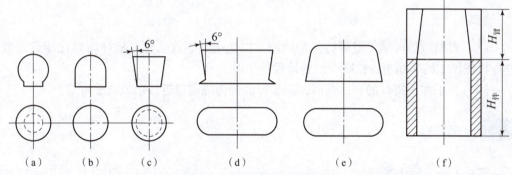

图6-2 常用的冒口形状

(a) 球形；(b) 球顶圆柱形；(c) 圆柱形；(d) 腰圆柱形明冒口；(e) 腰圆柱形暗冒口；(f) 整圈接长型

柱形冒口造型方便，它的散热虽然比球形的快，但仍有较好的补缩效果。对于轮类铸件，热节形状为长条形，圆柱形冒口的经济效果不如腰圆柱形的好。因为使用腰圆柱形冒口时，所需的冒口数量比圆柱形的少，节约金属。

上面分析的是冒口横截面形状对补缩效果的影响。冒口纵截面形状对冒口中缩孔的深度也有影响，上大下小的冒口形状有利于冒口中缩孔的上移，避免缩孔深入到铸件中，从而可以减小冒口高度，节省金属量。一般铸件明冒口的斜度为6°。

四、冒口的位置

冒口安放位置不当，就不能有效地消除铸件的缩孔和缩松，有时还会引起裂纹等铸造缺陷。冒口在铸件上的安放位置对获得健全铸件有着重要的意义。确定冒口的安放位置时应遵循下列原则。

（1）冒口应尽量放在铸件最高、最厚的地方，以便利用金属液的自重进行补缩。在铸件的不同高度上有热节需要补缩时，可按不同高度安放冒口。

（2）尽可能用一个冒口同时补缩一个铸件的几个热节，或者几个铸件的热节。

（3）冒口应设在铸件热节的上方（顶冒口）或旁侧（侧冒口）。

（4）由于不同高度上冒口的补缩压力不同，应采用冷铁将各个冒口的补缩范围隔开。否则，高处冒口不但要补缩低处的铸件，而且要补缩低处的冒口，易使铸件高处产生缩孔或缩松，如图6-3所示。

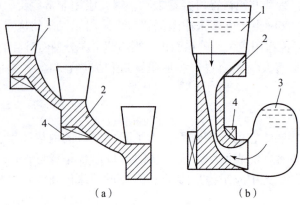

图6-3 不等高冒口的隔离方法

（a）不等高热节；（b）上下有热节

1—明顶冒口；2—铸件；3—暗侧冒口；4—外冷铁

（5）冒口应尽可能不阻碍铸件的收缩，以免引起裂纹。冒口最好布置在铸件需要进行机械加工的表面上，以减少精整铸件的工时。

（6）为了加强铸件的顺序凝固，应尽可能使内浇道靠近冒口或通过冒口。

 任务实施

一、个人任务工单

1. 冒口的主要作用是什么？

_____

_____

2. 冒口设计的原则有哪些？

_____

_____

3. 冒口有哪些种类？

_____

_____

二、团队任务工单

1. 教师将学生分成几个小组，分别完成下面一个或几个题目，并组织讨论。

（1）各种形状的冒口各有何特点？

_____

_____

_____

_____

(2) 安放冒口时应遵循哪些原则？

_____

_____

(3) 如何确定热节圆的大小？

_____

_____

(4) 查阅 T/CFA 0308054.1—2019《铸造绿色工厂　第 1 部分：通用要求》。

2. 每一组推荐一名学生进行汇报，交流讨论，并再次总结自己的收获与经验。

任务评价与反思

序号	评价内容	分值	得分
1	能够描述冒口的作用、冒口安放原则	10	
2	能够描述不同形状冒口的特点	20	
3	能够确定铸件上热节的位置及其大小	20	
4	能够根据铸件的结构安放合适的冒口、确定其形状	20	
5	能够审核冒口的安放位置、形状是否合理	20	
6	能够描述铸造绿色工厂的通用要求	10	
合计		100	

出现的问题	解决措施

知识拓展

铸造绿色工厂

铸造绿色工厂是指实现了用地集约化、原料无害化、生产洁净化、废物资源化和能源低碳化的铸造工厂。铸造绿色工厂应在保证产品功能、质量、开发周期、成本，减少制造过程中环境影响和保障人的职业健康安全的前提下，按照铸造产品全生命周期过程，采用绿色能源、绿色材料、绿色工艺技术、绿色生产设备等绿色制造过程生产绿色产品，满足基础设施、管理体系、能源与资源投入、产品、环境排放、企业绩

学习笔记

效与社会效益协同优化的目标要求。

T/CFA 0308054.1—2019《铸造绿色工厂　第1部分：通用要求》规定了铸造绿色工厂的总则、基础设施、管理体系、能源与资源投入、产品、环境排放和绩效。该标准适用于铸造绿色工厂的规划、设计、建设和运行。现有铸造工厂（车间）的绿色改造可参照该标准。

T/CFA 0308054.1—2019《铸造绿色工厂　第1部分：通用要求》

　铸钢件的冒口和补贴设计

任务描述

掌握铸钢件的冒口和补贴设计步骤与方法。

学习目标

1. 知识目标

（1）冒口在铸件上的安放位置和冒口形状的选择。
（2）补贴的设计方法。

2. 能力目标

（1）能够根据冒口的数量和补缩范围，计算冒口的尺寸，校核冒口的补缩能力。
（2）能够准确在工艺图上绘制冒口。
（3）能为铸钢件设计合适的补贴。

3. 素养目标

（1）具备团队合作精神。
（2）具备解决工程问题的系统性分析和选取抉择能力。
（3）培养降本增效的意识。

知识链接

一、铸钢件冒口的补缩距离

冒口设计的主要内容包括选择冒口在铸件上的安放位置和冒口的形状，确定冒口的数量和补缩范围，计算冒口的尺寸，校核冒口的补缩能力等。

冒口补缩距离是指冒口区与末端区之和，超出该距离，易在铸件中间区产生轴线缩松，如图6-4所示。

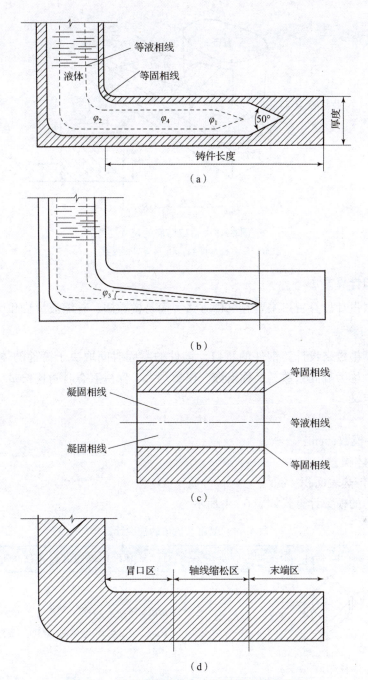

图6-4　均匀壁厚铸件在中间区产生轴线缩松

（a）、（b）等液相线和等固相线移动情况；

（c）中间区凝固区域放大；（d）凝固结束后的三个区域（中间区产生轴线缩松）

φ_1—末端区扩张角；φ_2，φ_3—冒口区扩张角；$\varphi_4 = 0°$中间区扩张角

为了增加冒口的水平补缩距离，可增设冒口凸肩（水平补贴），如图6-5所示。铸件的端部放置冷铁能增加冒口的补缩距离。管口在垂直方向的补缩距离与水平方向的补缩距离相近。

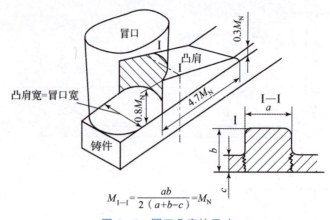

$$M_{I-I} = \frac{ab}{2(a+b-c)} = M_N$$

图 6-5　冒口凸肩的尺寸

M_{I-I}—凸肩模数；M_N—冒口颈模数

二、冒口计算方法

目前我国设计计算冒口主要有三种方法：简易模数法、补缩液量法和比例法。

1. 简易模数法

通过计算模数来设计铸钢件的冒口。铸件的凝固时间取决于铸件的体积与传热表面积的比值，称为凝固系数，又称模数。模数越大，保持液态时间越长。

模数的定义

$$M = V/A \tag{6-1}$$

式中　M——模数，cm；

V——体积，cm^3；

A——传热表面积，cm^2。

部分结构的模数计算式如表 6-1 所示。

表 6-1　简单几何体的模数计算

简图	体积 V，表面积 A，模数 M 计算式
板及原板 $\alpha \leqslant 5\delta$	板内画出的单元体 $V = 1\ cm^3 \times \delta$，$A = 2\ cm^2$，$M = V/A = \delta/2$
长杆 $a \leqslant b < 5a$	杆内画出的单元体 $V = a \times b \times 1\ cm^3$　$A = (a+b) \times 1 \times 2\ cm^2$ $M = \dfrac{V}{A} = \dfrac{ab}{2(a+b)}$

简图	体积 V，表面积 A，模数 M 计算式
环形体和空心圆筒体	将它视作展开的长杆体 $$M = \frac{ab}{2(a+b)}$$ 当 $b \geq 5a$ 时，将它视作展开的板 $$M = \frac{a}{2}$$

简图				
立方体或它的内切圆柱体或它的内切球体		立方体	圆柱体	球体
	V	a^3	$a^3\pi/4$	$a^3\pi/6$
	A	$6a^2$	$a^2\pi/2 + a^2\pi$	$a^2\pi$
	M	$a/6$	$a/6$	$a/6$
	这三种几何体的模数相同 $M = \dfrac{a}{6}$			

简图	计算式
圆柱体	$$M = \frac{V}{A} = \frac{r^2\pi h}{2r^2\pi + 2r\pi h} = \frac{rh}{2(r+h)}$$ 当 $h \geq 2.5b$ 时，就成为圆杆 $$M = \frac{断面积}{断面周长} = \frac{b}{4}$$

一个真实的铸件，形状非常复杂，要精确计算其体积和散热表面积是非常困难的，因此可以在三维造型软件中读取。

根据冒口的模数必须大于被补缩铸件部分的体积，简易模数法为

$$M_R = fM_c \qquad\qquad (6-2)$$

模数越大的部位凝固越晚，凝固较晚和最晚的部位作为设置冒口的位置。但是，可以通过设置冷铁、补贴改变铸件的凝固顺序。

设置了冒口颈的冒口，三者的模数关系是 $M_{冒口} > M_{冒口颈} > M_{铸件}$。

2. 补缩液量法

补缩液量法是建立在凝固等温线和补缩液量基础上的冒口计算方法，多用于计算大气压力暗冒口。

3. 比例法

比例法计算冒口是依据冒口设置部位铸件的厚度或热节圆直径来确定冒口尺寸的方法。这是一种经验性较强的冒口计算方法。通常可以参考归纳的经验表格选取，但需要丰富的生产经验。

在确定了冒口尺寸后，可以参照铸钢件的工艺出品率的经验数据进行调整。一般来说，铸钢件的工艺出品率在 50%~70%。如果不适当，则需要调整冒口的位置、尺寸或数量。

三、保温冒口和发热冒口

1. 保温冒口

采用热导率和堆密度都非常小的保温材料作为冒口的造型材料，可以大大减小保温冒口的尺寸。目前保温冒口的主要材料是珍珠岩复合型保温套、纤维复合型保温套、空心微珠复合型保温套和陶瓷保温套。保温冒口套性能的强弱，主要取决于其蓄热系数的大小。影响蓄热系数最大的因素是其造型材料的堆密度和热导率。堆密度和热导率越小，则保温性能越好。

2. 发热冒口

为了减少明保温冒口顶面的热辐射损失，应以发热保温剂或保温剂作为覆盖剂，分为发热剂冒口和发热套冒口。发热保温剂除了保温以外，还有发热材料燃烧后加热钢液的作用；保温剂只是减少热辐射损失。

最理想的发热冒口情况是，凝固结束后，冒口中无金属，冒口的顶面降低到与铸件平齐，也就是冒口中的钢液在凝固过程中全部补缩到铸件中。这要求满足两个条件：一是发热材料的成分配比和用量应能使燃烧反应持续的时间接近铸件的凝固时间；二是铸件凝固过程中，发热材料燃烧放出的热量应能保证冒口中的钢液全部为液态。

理想的发热材料化学反应生成物的温度要在 2 300 ℃以上。生产中常用的发热剂组成如表 6-2 所示。

表 6-2　发热冒口组成成分（质量分数）

	三氧化二铁/%	铝粉/%	硅砂/%	三氧化二铝/%	氧化镁粉	硝酸钾/%
第一组	45	30	20	5	—	—
第二组	70	17	10	3	若干	—
第三组	48	18	30	—	—	4

一般取发热剂质量为冒口中钢液质量的 20%。钢液上升至冒口高度的 1/3 左右，撒入一定量的保温剂（如炭化稻壳）。为维持冒口保持高温的时间，浇注结束以后到撒入发热剂之前，要有一段等待时间，以便发热剂不至于过早地燃烧掉。浇注温度越高，等待时间越长。

四、补贴的设计

人为地在冒口附近的铸件壁上逐渐增加的厚度称为冒口补贴，简称补贴。实现冒口补缩铸件的基本条件是铸件凝固时补缩通道扩张角始终向着冒口，且角度大些为好。然而对于板形件和壁厚均匀的薄壁件来说，单纯增加冒口直径和高度，对于形成或增大补缩通道扩张角的作用并不显著。此时可以设置补贴，即在靠近冒口的一端，向着冒口方向逐渐增加铸件壁的厚度，从铸件结构上形成向着冒口的补缩通道扩张角，显著增加冒口的有效补缩距离。

1. 垂直补贴

图 6-6 所示为壁厚为 T 的板件（宽厚比 >5），立浇后铸件中的缩松情况。当板件的高度 H 小于冒口有效补缩距离时，铸件中不出现轴线缩松，如图 6-6（a）所示。当铸件高度 H 大于冒口有效补缩高度时，铸件中部产生缩松，如图 6-6（b）所示。从冒口有效补缩距离以上开始加补贴，使铸件壁向着冒口方向逐渐加厚，直到冒口根部为止，铸件加厚量 a 称为补贴厚度，如图 6-6（c）所示。由于加了补贴，铸件从下向上实现了顺序凝固，从而消除了缩松。

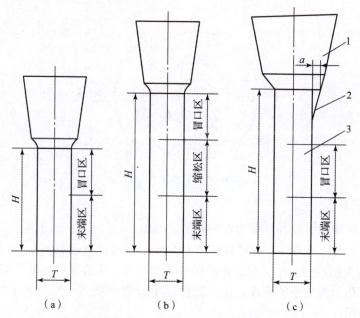

图 6-6　铸件垂直壁的补贴
（a）H 小于冒口有效补缩距离；（b）H 大于冒口有效补缩距离；（c）加补贴，厚度为 a

板形铸钢件立浇，当铸件的壁厚 T 一定时，补贴的厚度 a 随铸件高度 H 的增加而增加；当铸件高度一定时，壁厚越小，所需的补贴厚度越大。

对于一定壁厚的铸件，在某一高度以下可以不放补贴，铸件也是致密的。只有当距离底端大于某值时才需要加放补贴，如图 6-7 所示的圆筒形铸钢件。

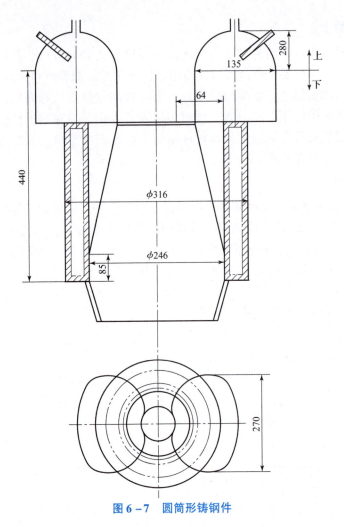

图 6-7 圆筒形铸钢件

2. 水平补贴

在水平方向加的冒口补贴称为水平补贴。如图 6-8 所示，对于断面为正方形边长为 T、长度为 L 的杆形铸件，按冒口区和末端区的数据计算应放两个冒口，如图 6-8（a）所示。若采用水平补贴，只要在铸件中间放个稍大些的冒口，即可实现顺序凝固，获得致密无缩孔、无缩松的铸件，这样既保证了铸件的质量，又减少了冒口数量，节约了金属，如图 6-8（b）所示。

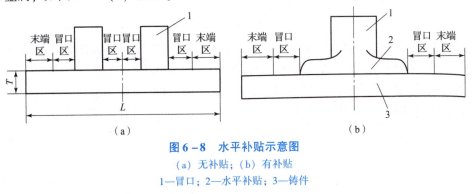

图 6-8　水平补贴示意图

（a）无补贴；（b）有补贴

1—冒口；2—水平补贴；3—铸件

厚实铸件的轴线缩松是很难完全消除的，对于一般铸件，只要轴线收缩不被切削加工所显露就不会影响其使用性能，但这要与用户协商。对于压力容器或承受疲劳和冲击应力的铸件，一般随着工况压力、温度、应力状况和铸件壁厚的不同，允许分别存在一定等级的轴线缩松。

铸件是否设置补贴及补贴的大小，根据铸件技术条件与内在质量要求而定。用加补贴的办法来实现顺序凝固是比较有效的，但增加了金属消耗，使铸件形状尺寸与图纸要求相差较大，铸件铸出后要去除补贴。因此，近年来已经开始采用保温补贴，以提高经济效益。

任务实施

一、个人任务工单

1. 冒口补缩距离的概念是什么？

2. 阐述模数的定义。

3. 球、圆柱体、长方体、薄板的模数分别如何计算？

二、团队任务工单

1. 教师将学生分成几个小组，分别完成下面一个或几个题目，并组织讨论。

（1）铸钢件的冒口有哪几种计算方法？分别简述其要点。

（2）简述发热冒口的组成、加入量和添加的工艺措施。

（3）简述铸钢件补贴的设计要点。

（4）查阅 T/CFA 020202031—2021《球形大气压力冒口套》。

2. 每一组推荐一名学生进行汇报，交流讨论，并再次总结自己的收获与经验。

任务评价与反思

序号	评价内容	分值	得分
1	能够描述冒口补缩距离、模数的概念	10	
2	能够计算典型结构零件的模数	20	
3	能够描述铸钢件冒口几种计算方法的步骤与数值确定方法	10	
4	能够描述铸钢件补贴的设计要点	20	
5	能在图纸上正确绘制铸钢件的冒口、补贴	20	
6	能够审核铸钢件的冒口、补贴设计是否恰当	10	
7	能够描述球形大气压力冒口套的技术要求、实验方法、检验规则	10	
合计		100	

出现的问题	解决措施

知识拓展

球形大气压力冒口套

冒口会消耗一定的经济成本，使用效率更高的冒口并提高工艺出品率是铸造行业追求的目标。目前，灰铸铁件通常采用明冒口，但是明冒口的补缩效率低，工艺出品率较低，铸造成本高，而且明冒口的补缩效果不稳定，容易出现质量波动，废品率难以控制，产生较多废品，影响企业效益。随着制造业的技术革新和发展，灰铸铁零部件的质量有了更高的要求，其交期也变得更短。为满足高质量高效率的铸铁生产要求，需要补缩效率更高的冒口，提升工艺出品率，降低铸造成本，提升生产效率。铸造用球形大气压力砂冒口套是在铸铁件生产实践过程中研发出的一种新型冒口的冒口套，该冒口套形成的冒口为球形暗冒口。其借助大气压力可使冒口的补缩效率较传统的明冒口明显提高且补缩效果稳定。同时由于此种冒口套用铸造常规型砂制作，因此成本低廉。若将球形大气压力冒口套在铸造行业推广应用，则能有效降低铸造生产成本，提升行业的产品质量和生产效率。

T/CFA 020202031—2021《球形大气压力冒口套》规定了球形大气压力冒口套的术语和定义、技术要求、试验方法、检验规则，以及标志、包装、运输和贮存，适用于铸铁件补缩用的砂制球形大气压力冒口套的生产及采购，其他材料的球形冒口套也可参考执行。

T/CFA 020202031—2021《球形大气压力冒口套》

任务二　铸铁件冒口设计

 任务描述

掌握铸铁件冒口设计的方法与步骤。

 学习目标

1. 知识目标

（1）掌握灰铸铁件冒口的设计方法。

（2）掌握球墨铸铁件冒口的设计方法。

2. 能力目标

（1）能够根据铸件的形状设计合适的冒口。

（2）能够按照不同的铸件模数，确定冒口的形状和尺寸。

3. 素养目标

（1）培养精益求精、专心细致的工作作风。

（2）具备解决工程问题的系统性分析和选取抉择能力。

（3）培养降本增效的意识。

 知识链接

灰铸铁和球墨铸铁在凝固过程中都析出石墨并伴随相变膨胀，有一定的自补缩能力，因而缩松、缩孔的倾向性较铸钢件小。铸铁件的补缩应以浇注系统后补缩和石墨化膨胀自补缩为基础。后补缩是指浇注系统在完成浇注以后，对铸件的补缩。在由于铸件本身结构、合金成分、冷却条件等原因，不能建立足够的后补缩和自补缩的情况下，才应用冒口。一个需要设置冒口补缩的铸件，也必须利用后补缩和自补缩，冒口仅补充后补和自补不足的差额。

生产中常用的铸铁件冒口形状有压边冒口、侧冒口、热侧冒口、环形冒口等。

铸铁件的收缩值不仅和合金成分、浇注温度有关，还和铸件的大小、结构、壁厚、铸型种类、浇注工艺方案及参数有关。

（1）铸铁件的冒口不必晚于铸件凝固，冒口模数可以小于铸件的壁厚或模数。铸铁件的补缩工艺设计都应该充分利用自补缩（无冒口），石墨化膨胀（小冒口）。

（2）厚大件补缩要求低，可以用小冒口和无冒口工艺。薄小件要强调补缩，其补缩可以利用浇注系统完成。

（3）铸铁件的冒口不应该放在铸件的热节上。冒口要靠近热节，以利于补缩，但冒口不要恰好在热节上，以减少冒口对铸件的热干扰。

（4）铸件的厚壁热节放在浇注位置的下部，厚薄相差较大时，厚壁处安放冷铁，铸件可不安放冒口。

一、灰铸铁件冒口设计

灰铸铁凝固时，由于石墨化膨胀可以抵消凝固时的大部分体收缩，因此，冒口主要用来补给液态体收缩。低牌号灰铸铁的碳、硅含量高，凝固收缩小，小型普通灰铸铁件可以不设补缩冒口。高牌号灰铸铁、合金灰铸铁和中、大型普通灰铸铁件需要设置补缩冒口。

设计冒口尺寸时，应考虑铸件壁厚、冷却速度、铸型性能的影响。灰铸铁冒口设计可采用两种方法：收缩模数法、经验比例法。收缩模数法包括收缩模数公式法和收缩模数列表法。

经验比例法根据铸件结构特征，从顺序凝固原则出发，以铸件热节圆或截面厚度为基础，按比例放大求得冒口直径和高度。经验比例法首先根据灰铸铁件结构特征，按疏密、厚薄、大小对铸件结构进行划分。

（1）稀疏体：壁厚均匀，以大平板结构为主要特征的铸件，如箱体、衬板、环套等。

（2）均匀稀疏体：壁厚比较均匀，大平板结构所占比例较大的铸件，如支架、床身等。

（3）均匀密实体：壁厚不均匀，形状简单，以杆、块结构为主的铸件，厚壁、次厚壁所占比例较大的铸件，如连杆、曲轴等。

（4）密实体：形状简单，以球、圆柱、立方体结构为主的铸件，厚实部分所占比例较大，如磨球、阀体、磨盘等类铸件。

实际生产中用到的各种灰铸铁件冒口的形式和参数，如表6-3所示。

表 6 – 3　灰铸铁件常用冒口的形式和参数

明顶冒口	明边冒口	暗侧冒口
$D_R = (1.2 \sim 2.5)T$ $H_R = (1.2 \sim 2.5)D_R$ $D = (0.8 \sim 0.9)T$ $H = (0.3 \sim 0.35)D_R$	$D_R = (1.2 \sim 2.5)T$ $H_R = (1.2 \sim 2.5)D_R$ $a = (0.8 \sim 0.9)T$ $b = (0.6 \sim 0.8)T$	$D_R = (1.2 \sim 2.5)T$ $H_R = (1.2 \sim 2.5)D_R$ $H = 0.3H_R$ 浇道通过冒口浇注时:$d = (0.33 \sim 0.5)T$ 浇道不通过冒口浇注时:$d = (0.5 \sim 0.66)T$

注：1. T 为铸件厚度或热节圆直径。

　　2. 明冒口高度 H_R 可以根据砂箱高度适当调整。

　　3. 随着明冒口直径 D_R 增大，冒口颈处的角度取小值。

二、球墨铸铁件冒口设计

球墨铸铁具有糊状凝固特性，易产生分散性缩松。如果铸型的刚度较高，如采用干型、自硬砂型、水泥砂型等，能充分利用共晶膨胀压力减少缩松，对于一般球墨铸铁件可不考虑冒口补缩距离。

实践证明，采取下列措施有利于发挥冒口作用。

（1）高温快浇，浇注温度控制在 1 370 ~ 1 425 ℃。

（2）内浇道与冒口相连；采用扁薄内浇道，内浇道的长度至少为其厚度的 4 倍，以便浇道迅速凝固，促使冒口中的铁液在补缩铸件的液态收缩时快速下降形成孔洞，以容纳回填铁液。

目前，设计球墨铸铁件冒口计算方法有收缩模数法、控制压力法和经验比例法等三种。

经验比例法设计冒口遵循顺序凝固原则，即铸件比冒口颈先凝固，冒口颈比冒口先凝固。铸件的液态体收缩由冒口补给，铸件进入共晶膨胀期把多余的铁液挤回冒口，依靠冒口中的铁液重力消除凝固后期的缩孔、缩松。

经验比例法设计的常见冒口尺寸设计方法可以根据表 6 – 4 选取。

表 6-4　球墨铸铁件常见冒口尺寸

明冒口	边冒口	半球形冒口	环形冒口
$D_R = (1.2 \sim 3.5)T$ $H_R = (1.2 \sim 2.5)D_R$ $B = (0.4 \sim 0.7)D_R$ $h = (0.3 \sim 0.35)D_R$	$D_R = (1.2 \sim 3.5)T$ $H_R = (1.2 \sim 1.5)D_R$ $A = (0.8 \sim 0.9)T$ $S_L = (0.8 \sim 1.2)T$ $L = (0.3 \sim 0.35)D_R$ $h = (0.4 \sim 0.5)D_R$ $R = (0.5 \sim 0.7)D_R$ $S = 3D_R/4$	$H_R = (1.5 \sim 4)T$ $D_R = 2H_R$ $\alpha = 30° \sim 40°$ $\phi = 25 \sim 35$ $R = (0.25 \sim 0.4)H_R$	$H_R = (0.5 \sim 1)H_C$ $b_R = (1.5 \sim 2.5)T$ α 取值如下： $H_R = 0.5H_C,\ \alpha = 30°$ $H_R = 0.8H_C,\ \alpha = 45°$ $H_R = H_C,\ \alpha = 60°$

注：T 为铸件的厚度。

1. 一般壁厚的铸件，取 $D_R = T + 50$ mm。

2. 圆柱体、立方体等，取 $D_R = (1.2 \sim 1.5)T$ mm。

3. 单位：mm。

这种设计方法，虽不能消除铸件的缩松，但可用于任意壁厚的各种砂型的球墨铸铁件铸造，对砂型的刚度无严格要求。但这种冒口的尺寸较大，工艺出品率低，增加铸件成本。对厚实球墨铸铁件采用大冒口补缩的效果，不如采用压边冒口的效果好。

球墨铸铁的无冒口补缩设计时，为了利用共晶膨胀消除缩孔、缩松缺陷，设计铸造工艺时应满足下列条件。

（1）当铸件的模数较大时，可获得很高的膨胀压力，因此，要求铸件的模数 $M_c >$ 2.5 cm。

（2）采用高硬度、高刚性的砂型，防止型壁移动。铸型的上型和下型紧固牢靠，防止抬箱。

（3）低温快浇，浇注温度控制在 1 300 ~ 1 350 ℃，以减少液态体收缩量。

（4）为了消除可能产生的轻微缩松和缩孔，建议设置 1 ~ 2 个小暗冒口。

三、阀壳的冒口设计

图 1-1 所示阀壳的冒口设计为表 6-3 中的"暗侧冒口"浇注系统形式，如图 6-9 所示。

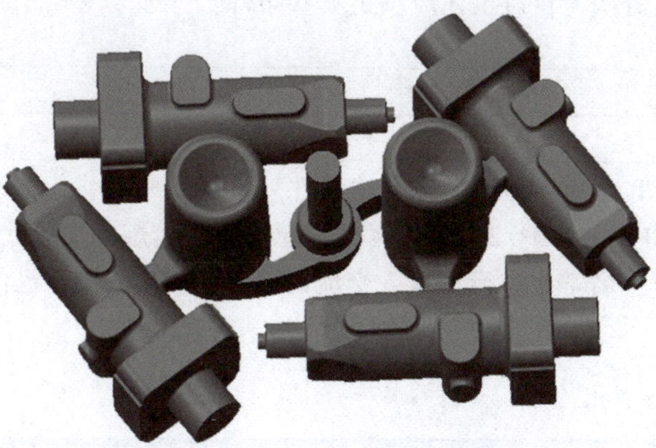

图6-9　阀壳的浇注系统和冒口

将尺寸代入算式，可以计算得到冒口的各部分尺寸。

任务实施

一、个人任务工单

1. 阐述铸铁件冒口设计的特点。

_____

_____

2. 用经验比例法设计铸铁件冒口时，如何划分铸件的结构？

_____

_____

3. 简述铸铁件常用明顶冒口、明边冒口、暗边冒口的尺寸。

_____

_____

二、团队任务工单

1. 教师将学生分成几个小组，分别完成下面一个或几个题目，并组织讨论。

（1）简述球墨铸铁件的冒口设计特点。

_____

_____

（2）简述球墨铸铁件常用明冒口、侧冒口、半球形冒口、环形冒口的尺寸。

_____

_____

_____

（3）设计球墨铸铁无冒口工艺应满足哪些条件？

_____

_____

_____

（4）查阅 GB/T 1348—2009《球墨铸铁件》。

（5）查阅 T/CFA 031103.2—2018《铸铁感应电炉熔炼浇注单元通用技术要求》。

2. 每一组推荐一名学生进行汇报，交流讨论，并再次总结自己的收获与经验。

任务评价与反思

序号	评价内容	分值	得分
1	能够描述铸铁件冒口设计的方法与步骤	15	
2	能为灰铸铁件设计冒口并用红蓝铅笔在图纸上表达	20	
3	能为球墨铸铁件设计冒口	20	
4	能够评述灰铸铁、球墨铸铁的冒口设计是否合适、图纸表达是否正确	15	
5	能够描述球墨铸铁的牌号、生产方法和化学成分规定、技术要求、取样规定	20	
6	能够描述铸铁感应电炉熔炼浇注单元的通用技术要求	10	
合计		100	

出现的问题	解决措施

知识拓展

铸铁感应电炉熔炼浇注单元

感应电路是利用感应电流加热和熔炼的炉子，按电源频率分为高频、中频和低频（工频）感应炉。工频按有无熔沟分为有芯和无芯感应炉。

T/CFA 031103.2—2018《铸铁感应电炉熔炼浇注单元通用技术要求》适用于铸铁感应电炉熔炼浇注，规定了铸铁感应电炉熔炼浇注单元设备、单元控制与管理系统在系统集成、现场过程执行、监控与管理等方面的基本功能与通用技术要求。

T/CFA 031103.2—2018《铸铁感应电炉熔炼浇注单元通用技术要求》

模块七　设计冷铁

任务一　冷铁的作用与分类

大国工匠7

任务描述

掌握冷铁的作用和分类。掌握冷铁的材料、外冷铁的位置。

学习目标

1. 知识目标

（1）掌握冷铁的作用、分类。

（2）掌握冷铁的材料、外冷铁的位置。

2. 能力目标

（1）能够根据铸件的材质、形状、尺寸选择合适材质和形状的冷铁。

（2）能够正确确定外冷铁的位置。

3. 素养目标

（1）培养精益求精、专心细致的工作作风。

（2）具有社会责任感和工程职业道德。

（3）具备结合本专业特性开展专业领域设计、创新的能力。

知识链接

为了加快铸件局部的冷却速度，在型腔内部、型腔表面及铸型内部安放的激冷物称为冷铁。冷铁与浇注系统、冒口配合使用，控制铸件的凝固顺序，以获得合格铸件。冷铁分为内冷铁、外冷铁和间接冷铁。

一、冷铁的作用

冷铁的作用有以下几方面。

（1）减少冒口尺寸，增加冒口的补缩距离，提高工艺出品率。

（2）改善补缩通道，提高铸件内部质量等级，提供优质铸件。

（3）加快铸件的凝固速度，细化晶粒，提高铸件的力学性能。

（4）消除局部热应力，防止裂纹。对于大型铸钢件，冷铁之间使用激冷效果好的铬铁矿砂或锆砂。

二、冷铁的分类

冷铁按是否与铸件熔合为一体，可分为外冷铁与内冷铁。造型（芯）时放在模样（芯盒）表面上的金属激冷块称为外冷铁，一般在落砂时脱离铸件，可重复使用。放置在型腔与铸件熔合为一体的金属激冷块为内冷铁，留在铸件中的，有时会在机械加工时去除。

外冷铁根据与铸件的接触程度，又可分为直接外冷铁和间接外冷铁。

直接外冷铁与铸件表面直接接触，激冷作用强，又称明冷铁，如图 7-1 所示。直接外冷铁还可分为有气隙和无气隙两类。设置在铸件底面和内侧的外冷铁，在重力和铸件收缩力作用下同铸件表面紧密接触，称为无气隙外冷铁；设置在铸件顶部及外侧的冷铁属于气隙外冷铁。

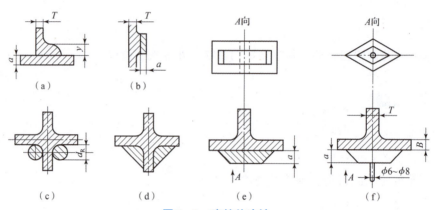

图 7-1　直接外冷铁

（a）、（b）平行直角形；（c）圆柱形；（d）异形；（e）带切口平面；（f）平面菱形

间接外冷铁与被激冷铸件之间有 10~15 mm 厚度的砂层，又名隔砂冷铁、暗冷铁。间接外冷铁的激冷作用弱，可避免灰铸铁件表面形成白口层或过冷石墨层，还可避免由于强激冷作用所造成的裂纹，如图 7-2 所示。

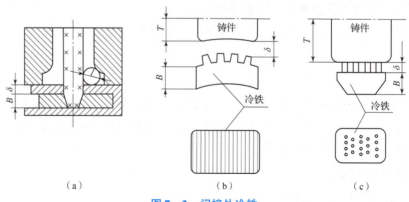

图 7-2　间接外冷铁

（a）$B=(1\sim1.4)T$、$\delta=20\sim30$ mm；（b）$B=(0.8\sim1.2)T$、$\delta=10$ mm；（c）$B=0.5T$、$\delta=10$ mm

内冷铁的典型形式有长圆柱形、钉子、螺旋形及短圆柱形等，如图 7 - 3 所示。

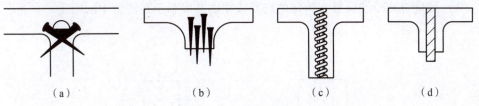

（a）　　　　　　　（b）　　　　　　　（c）　　　　　　　（d）

图 7 - 3　内冷铁的形式

（a）长圆柱形；（b）钉子；（c）螺旋形；（d）短圆柱形

冷铁按形状可分为通用冷铁及成型冷铁。通用冷铁的适应性好，成本低，适合用于多样化流水生产。成型冷铁是根据具体铸件的尺寸、形状专门进行设计、加工的，能获得良好的激冷效果。

三、冷铁的常用材料

冷铁根据铸件的材质及激冷作用强弱，可采用钢、铸铁、铜、铝等材质的外冷铁，还可采用蓄热系数比造型材料大的非金属材料作为激冷物使用。内冷铁则选择与铸件成分一致或相近的材质制成。

1）金属材料

金属材料包含高碳钢、普通碳素钢、铸件本体材料、铸铁、铸钢、铸铝。

2）非金属材料

非金属材料包含石墨、碳化硅、镁砂、锆砂、铬铁矿砂。

3）化学冷铁

焓变涂料是以在一定温度区间内可发生吸热化学反应的物质为基料配制的，可将其涂在砂型（芯）表面，作为外冷铁使用。

四、外冷铁及其位置

1. 外冷铁的选用

铸钢件的外冷铁一般用高碳钢制造，冷铁表面要求光洁，无氧化层和油污，而且与铸件接触面要平滑或光滑，无气孔或缩凹。

为了防止冷铁表面生锈，对于干型应该在砂型刷上涂料后及时进窑烘干；对于湿型和自硬砂型，在造完型后应在冷铁表面刷一层快干涂料，防止生锈。

回用的外冷铁，每次使用前，应先用钢刷刷掉冷铁上的浮砂。使用次数多的冷铁，应该进行彻底的清理或者抛弃不用。

2. 外冷铁的位置

铸件选择使用外冷铁激冷工艺时，对于设置外冷铁位置及外冷铁自身的要求应进行认真的考虑，主要原则如下。

（1）设置外冷铁时不应破坏顺序凝固条件，也就是在选择外冷铁位置时不应阻塞补缩通道，如图 7 - 4 所示。

（2）外冷铁不宜过大、过长，多个冷铁之间应留有一定间隙。

（3）冷铁与铸件的激冷面贴合要合适，尽可能实现平缓过渡，避免裂纹形成，如

图7-5所示。

(4) 尽量将外冷铁设置在铸件的底部或侧面，以利于在铸型中的固定。

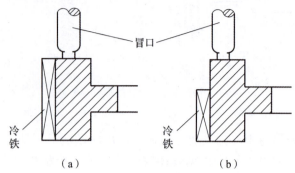

图7-4　设置齿轮轮缘的外冷铁

(a) 合理；(b) 不合理

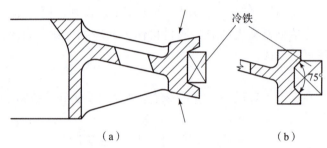

图7-5　设置凹槽内的外冷铁

(a) 冷铁无斜面过渡，不合理；(b) 合理

 **任务实施**

一、个人任务工单

1. 简述冷铁的作用。

_____

_____

2. 简述冷铁有几种分类方式，各有哪几种。

_____

_____

3. 简述冷铁的常用材料。

_____

_____

二、团队任务工单

1. 教师将学生分成几个小组，分别完成下面一个或几个题目，并组织讨论。

（1）简述直接外冷铁分为哪两类，各有何特点。

_____

_____

_____

（2）选用外冷铁有哪些注意事项？

_____

_____

_____

（3）设置外冷铁的位置有哪些原则？

_____

_____

_____

（4）查阅 GB/Z 28283—2012《热加工工艺仿真与模拟技术导则》。

（5）查阅《铸造车间和工厂设计手册》。

2. 每一组推荐一名学生进行汇报，交流讨论，并再次总结自己的收获与经验。

任务评价与反思

序号	评价内容	分值	得分
1	能够描述冷铁的作用和分类、冷铁的材料、外冷铁的位置	20	
2	能为铸件设计合适材质和形状的冷铁并用红蓝铅笔在图纸上表达	30	
3	能够评述铸件的冷铁设计是否合适、图纸表达是否正确	20	
4	能够描述铸造企业中的熔炼工序、造型工序、砂处理工序、生产面积的生产能力核算方法	30	
合计		100	
出现的问题		解决措施	

知识拓展

1. 热加工工艺仿真与模拟技术导则

热加工工艺仿真与模拟技术是指应用模拟仿真、试验测试等手段，针对金属材料铸造、锻压、焊接、热处理及非金属材料注塑等热加工过程，在拟实的环境下模拟材料加工工艺过程，显示材料在加工过程中形状、尺寸、内部组织及缺陷的演变情况，预测其组织性能质量，从而优化工艺设计的技术的总称。它涉及的主要技术包括热加工过程的数值模拟、热加工过程的物理模拟、专家系统、热加工过程的基础理论及缺陷形成分析。

GB/Z 28283—2012《热加工工艺仿真与模拟技术导则》规定了热加工工艺仿真与模拟技术的含义、尺度划分原则、主要功能、主要内容，提出精度和速度、物理模拟及精确测试、集成方面的共性要求，并给出了铸造、锻压及焊接工艺仿真与模拟的主要技术内容、主要步骤及关键因素的说明，适用于从事材料热加工工艺仿真与模拟技术的研发、应用与评估。

GB/Z 28283—2012《热加工工艺仿真与模拟技术导则》

2.《铸造车间和工厂设计手册》

根据《铸造车间和工厂设计手册》，砂型铸造车间分为砂处理、造型、制芯、熔炼、清理等五大工部。设计合理的铸造工艺流程，选择合适的铸造设备，可以大幅提高铸造企业的技术经济指标。

任务二　冷铁的设计计算

任务描述

1. 知识目标

（1）掌握铸钢件的内冷铁和外冷铁设计方法。
（2）掌握铸铁件的内冷铁和外冷铁设计方法。

2. 能力目标

（1）能为不同结构的铸钢件选用合适的外冷铁和内冷铁。
（2）能为不同结构的铸铁件选用合适的外冷铁和内冷铁。

3. 素养目标

（1）具备利用信息技术手段实现工艺设计的能力。
（2）具有良好的职业道德和职业素质。

（3）持续提升自己的综合素质和业务能力。

知识链接

一、铸钢件的外冷铁设计

铸钢件的外冷铁一般用高碳钢制造，冷铁表面要光洁，无氧化铁层和油污，而且与铸件接触面要平滑或圆滑，无气孔或缩凹。

1. 铸钢外冷铁的作用

1）建立人为末端区

在两个冒口之间设置冷铁，则在两个冒口之间会形成以冷铁为中心，具有激冷作用的人为末端区。有时还需要设置两面或三面冷铁才能使末端区充分发挥作用，如图7-6所示。

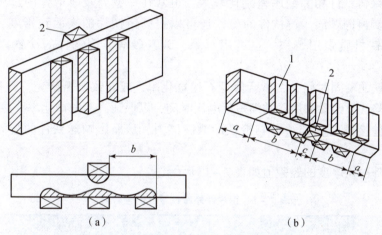

图7-6　使用冷铁延长人为末端区长度

（a）两面施放冷铁工艺；（b）三面施放冷铁形成阶梯型的延长末端区

1—冷铁；2—末端区冷铁；a—人为末端区；b—延长末端区；c—激冷区

2）消除裂纹、缩孔和缩松

若铸壁的接头形成热节，则该处最后凝固，容易形成缩孔、缩松，且由于强度低可能产生热裂缺陷，设置冷铁可使接头的凝固速度与相邻截面的凝固速度均衡，减少此类缺陷，如图7-7所示。

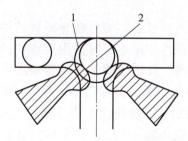

图7-7　使用冷铁减少热裂的产生

1—未激冷时的内切圆；2—设置冷铁激冷后的内切圆

2. 铸钢直接外冷铁的计算

假设铸钢浇注温度为1550 ℃，设置冷铁部位铸件凝固结束后冷铁的平均温度为600 ℃，可用模数法近似计算外冷铁质量为

$$G_{ch} = 7.4V_0(M_0 - M_r)/M_0 \qquad (7-1)$$

式中　G_{ch}——冷铁质量，kg；

V_0——铸件被冷却部位的体积；

M_0——设置冷铁部位的铸件几何模数，dm；

M_r——与设置冷铁部位相邻接的铸件模数，dm。

求得冷铁质量后，另一个更重要的尺寸是冷铁的接触面积 A_0 与厚度。

二、铸铁件的外冷铁设计

灰铸铁的缩孔、缩松倾向小，线收缩也小，一般不需要采用冷铁来控制其凝固过程。但如果铸铁件相邻壁厚差别比较大，也常在厚壁处及厚薄壁的过渡转角处采用冷铁来控制凝固顺序。铸铁件的冷铁还可以提高铸铁件的表面致密度、硬度。灰铸铁件的冷铁材质多用铸铁，也可用石墨、碳素砂等。铸铁件的冷铁以间接冷铁为主。

球墨铸铁的凝固时间长，常会降低石墨球化率，或导致石墨畸变、石墨漂浮、石墨粗大等缺陷，故经常采用冷铁缩短其凝固时间，以保证石墨的球化率。冷铁的质量、厚度及与铸件接触面积都会影响冷铁的激冷能力，从而影响球铁件的凝固速度和球化率。

铸铁件外冷铁厚度的经验值如表7-1所示。

表7-1　铸铁件外冷铁厚度的经验值

铸件材质	外冷铁厚度/mm
灰铸铁件	$\delta = (0.25 \sim 0.5)T$
球墨铸铁件	$\delta = (0.3 \sim 0.8)T$
可锻铸铁件	$\delta = 1.0T$
注：T 为铸件热节圆直径。	

三、内冷铁

内冷铁的激冷作用强于外冷铁，能有效防止厚壁铸件中心部位缩松、偏析等缺陷的形成。通常，在外冷铁激冷作用不足时采用内冷铁，其主要用在壁厚大而技术要求不高的铸件中，承受高温、高压的铸件则不能采用内冷铁工艺。在内冷铁使用时表面必须清洁，不能有油污、锈斑及水汽等，可以用喷砂、滚筒或酸洗等方法去除其表面附着物，然后喷涂铝、镀锡或化学防锈处理。内冷铁一般要在组芯、合型时才放入铸型。湿砂型时，应在装入内冷铁后3~4 h内浇注完毕，否则铸件易产生气孔。

铸钢件常采用内冷铁以缩小铸件或铸件局部热节处的模数，减少冒口体积和消除

缩孔、缩松。对于压力容器和其他重要铸件的铸钢件，为了避免内冷铁设置不当、表面不洁净造成铸造缺陷，不要采用内冷铁，可以分别或同时采用外冷铁和补贴，或增设冒口，以控制凝固顺序，获得健全的铸件。

铸钢件内冷铁的设计计算包括冷铁质量的计算和冷铁截面尺寸的计算。铸钢件的熔合内冷铁一般用含碳量低于 0.25% 的轧制碳钢或与铸件相同的合金钢材制作。内冷铁具有强烈激冷作用，可以明显细化铸件晶粒，提高铸件的致密度。试验得知，一般铸钢的内冷铁要达到 1 485 ℃以上，才能很好地与铸钢件熔合。

铸钢件也可以设置不熔合内冷铁，这种内冷铁将在机械加工时去除掉。这种冷铁不能过长，截面尺寸也不能过大，否则会使铸件在凝固期间因阻碍线收缩的阻力过大而产生裂纹。不熔合内冷铁的表层不要求被熔融，因而可利用钢液的总热量加热冷铁至固相线温度（1 450 ℃），此时冷铁表面便与铸件本体紧密地结合在一起，发挥内冷铁作用。可以取内冷铁直径为 $d = (0.1 \sim 0.25) T$，T 为壁厚。对于一些比较特殊的铸铁件，适当放置内冷铁，可以简化工艺，使其质量稳定。

铸铁件很少使用内冷铁。一些不重要的铸铁件，使用内冷铁可以提高工艺出品率，在浇注低牌号灰铸铁时钢质内冷铁还可以提高铸件强度和承载能力。灰铸铁的内冷铁材质可以选用低碳钢。

非铁合金也很少使用内冷铁。若采用，则大部分设置在机械加工能将内冷铁去除的部位。内冷铁材料要与铸件一致，表面要光洁，无油污和斑锈。对于内控质量要求很高的铸件，可以采用铁芯。铁芯的形状应符合住家内腔轮廓的要求，并以形状简单、出芯方便为原则。起模斜度一般取 5°，并留有适当长度的芯头。

四、阀壳的工艺

经过铸造 CAE 模拟，阀壳不设置冷铁也可以获得致密铸件，故不需要为阀壳设置冷铁。

经过前述各章节的工艺设计，阀壳的双面模板布置图如图 7-8 所示。

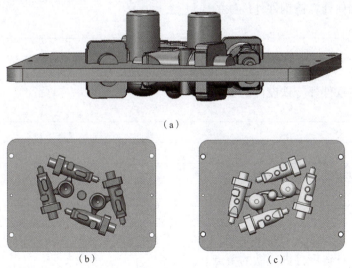

（a）

（b）　　　　　　　　（c）

图 7-8　阀壳的模板布置（双面模板）

（a）双面模板；（b）双面模板的上模；（c）双面模板的下模

图 7-9 所示为造好的阀壳砂型。

（a）

（b）

图 7-9 阀壳的砂型

（a）上砂型；（b）下砂型

 任务实施

一、个人任务工单

1. 简述铸钢件外冷铁的一般要求。

2. 简述铸钢件外冷铁的主要作用有哪些。

3. 简述如何计算铸钢件外冷铁的质量。

4. 简述铸铁件外冷铁设计的要点。

5. 简述内冷铁的主要作用。

6. 简述设计铸钢件内冷铁的要点。

二、团队任务工单

1. 教师将学生分成几个小组，分别完成下面一个或几个题目，并组织讨论。

（1）查阅 T/CFA 031103.4—2018《铸造工艺数字化设计通用要求》。

（2）查阅 T/CFA 031103.5—2018《铸造数字化工厂通用技术要求》。

（3）收集不同的铸造方法、不同的铸件材质的铸造工艺图，并分析铸造工艺图一般包括哪些主要内容。

（4）收集不同的铸造方法、不同的铸件材质的铸造工艺卡，并分析铸造工艺卡一般包括哪些主要内容。

2. 每一组推荐一名学生进行汇报，交流讨论，并再次总结自己的收获与经验。

任务评价与反思

序号	评价内容	分值	得分
1	掌握铸钢件的冷铁设计步骤与方法，能根据需要为铸钢件设计外冷铁或内冷铁，并用红蓝铅笔在图纸上表达	20	
2	掌握铸铁件的冷铁设计步骤与方法，能根据需要为铸铁件设计外冷铁或内冷铁，并用红蓝铅笔在图纸上表达	20	
3	能评述铸件的冷铁设计是否合适、图纸表达是否正确	20	
4	能描述热加工工艺数值模拟的主要内容	10	
5	能描述铸造工艺数字化设计的设计流程、技术难点识别、工艺方法选择、工艺方案策划、工艺方案设计、工艺模拟等的主要内容	10	
6	能描述铸造数字化工厂通用技术要求的主要内容。简述企业如何满足这些技术要求	10	
7	能阅读铸造工艺图，识别铸造工艺卡	10	
合计		100	

出现的问题	解决措施

知识拓展

1. 铸造工艺数字化设计通用要求

铸造工艺数字化设计以保证铸件产品质量、降低铸件生产成本和提高铸造生产效率等为目标，应用计算机技术，设计、仿真和验证对铸造质量、成本、效率和绿色等起决定作用的关键过程，模拟铸件产品的实现过程及其对铸件产品的影响。

T/CFA 031103.4—2018《铸造工艺数字化设计通用要求》规定了铸造工艺知识库的建立、应用和更新，给出了铸造工艺数字化设计要求。该标准适用于应用计算机技术开展铸造工艺数字化设计。

T/CFA 031103.4—2018《铸造工艺数字化设计通用要求》

2. 铸造数字化工厂通用技术要求

铸造数字化工厂是以铸造物理工厂为载体，融合铸造技术与数字技术、智能技术、物联网等新一代信息技术，在工艺设计、铸型成型、熔炼与浇注、后处理、检验等环节，实现信息感知、优化决策、执行控制与信息反馈等功能的铸造工厂。

T/CFA 031103.5—2018《铸造数字化工厂通用技术要求》规定了铸造数字化工厂的术语和定义、缩略语、系统架构、信息基础设施、工艺系统、制造系统和管理系统。该标准适用于铸造数字化工厂的规划与建设。

T/CFA 031103.5—2018《铸造数字化工厂通用技术要求》

全书的任务工单检索

序号	模块	任务	个人任务工单	团队任务工单	页码
1	模块一 课程认识	任务一 明确课程内容	1. 铸造工艺设计中的"三图一卡"是指什么？各自的主要内容有哪些？ 2. 查询我国古代铸件、现代铸件，谈谈你对"铸造"的理解。 3. 查询我国现代化铸造车间的视频，了解铸造生产的流程。 4. 思考如何学好本课程	1. 查阅 GB/T 5611—2017《铸造术语》。重点是"2 基本术语"。 2. 查询、阅读中国铸造企业行业协会颁布的 T/CFA 0310021—2023《铸造企业规范条件》。 3. 查询《中华人民共和国职业分类大典（2022 年版）》，了解"6-18-02-01 铸造工"的主要工作任务及包含的工种	3
2	模块一 课程认识	任务二 确定课程与教学方法	1. 本课程的前序相关课程有哪些？分别阐述前序课程与本课程的衔接与融通关系。 2. 你了解哪些与本课程相关的平行课程？它们与本课程的关联性如何？ 3. 你是否了解本课程相关的后续课程？查找"铸造工艺优化 CAE 分析技术"课程的主要内容	1. 阅读 GB/T 5611—2017《铸造术语》。重点是"5.2 铸造工艺设计"。 2. 查阅 JB/T 2435—2013《铸造工艺符号及表示方法》。 3. 查阅 T/CFA 030501—2020《铸造企业生产能力核算方法》。 4. 探索：查阅铸造类的视频、招聘启事，思考我国铸造业对从业人员的知识和技能要求	7
3	模块一 课程认识	任务三 分析工艺设计任务	1. 设计铸造工艺时，从用户的图纸中可以获取哪些信息？ 2. 阅读国家标准 GB/T 9439—2023《灰铸铁件》。 3. 查阅 GB/T 7232—2012《金属热处理工艺术语》	1. 阅读国家标准 GB/T 28617—2012《绿色制造通用技术导则 铸造》。 2. 阅读国家标准 GB 39726—2020《铸造工业大气污染物排放标准》。 3. 阅读国家标准 GB/T 5612—2008《铸铁牌号表示方法》	13
4	模块二 确定铸造工艺方案	任务一 分析铸件质量对零件结构的要求	1. 描述审查铸件结构铸造工艺性的要点。 2. 为什么要审查铸件"最小壁厚""临界壁厚"？ 3. 从灰铸铁的性能角度分析，灰铸铁应该具备怎样的结构，才满足"铸造工艺性"要求。 4. 审查过程中，铸件具有不符合铸造工艺性要求的结构，应如何处理	查阅 GB/T 25370—2020《铸造机械术语》，了解铸造设备的型号	25

序号	模块	任务	个人任务工单	团队任务工单	页码
5	模块二 确定铸造工艺方案	任务二 分析铸造工艺对零件结构的要求	1. 描述审查铸造工艺对铸件结构要求的要点。 2. 怎样的铸件结构，可以减少砂芯数量或芯盒数量？ 3. 从方便起模的角度看，铸件应该具备怎样的结构？ 4. 如何判断铸件结构是否有利于砂芯的固定和排气	1. 查阅 T/CFA 0308054.1—2019《铸造绿色工厂 第1部分：通用要求》 2. 查阅 T/CFA 0308052—2019《铸造绿色工艺规划要求和评估 导则》	13
6		任务三 先期策划	1. 设计铸造工艺时，要考虑铸造车间哪些条件？ 2. 阅读 GB/T 51266—2017《机械工厂年时基数设计标准》、国务院关于《全国年节及纪念日放假办法》及其修改决定，了解各种工作性质、公称年时基数。 3. 了解铸造车间如何区分生产批量：单件小批量、成批、大量。 4. 了解铸造车间如何确定手工、机械、自动化、智能化。 5. 了解铸造车间的工作制：平行工作制、阶段工作制、混合工作制	1. 了解铸造企业要通过 T/CFA 0310021—2023《铸造企业规范条件》的认证，需要满足哪些条件。 2. 中国铸造协会主导制定的团体标准代号是怎样规定的？ 3. 铸造车间现场，各工位的职工可能罹患哪些职业病？如何防治？ 4. 了解铸造企业遵守 GB/T 24001—2016《环境管理体系 要求及使用指南》的相关规定。 5. 了解铸造企业遵守 GB/T 45001—2020《职业健康安全管理体系 要求及使用指南》的相关规定	35
7		任务四 选择砂型铸造方法	1. 查阅混砂机、造型机、制芯机的工作流程。 2. 查阅 S1120 混砂机、Z956 壳芯机的参数。 3. 查阅型砂、芯砂的密度	1. 查阅 GB/T 31552—2023《铸造机械分类与型号编制方法》了解铸造设备型号的编制方法。 2. 查阅 GB/T 25711—2023《铸造机械通用技术规范》，了解铸造设备型号的技术规范。 3. 阅读 GB/T 2684—2009《铸造用砂及混合料试验方法》，掌握原砂、粘结剂、型砂和芯砂的性能指标。掌握取样规则、试验方法、数据处理。 4. 查阅 T/CFA 0202031.7—2021《铸造用硅砂通用技术规范第7部分：检验用标准硅砂》	45
8		任务五 确定浇注位置和分型面	1. 描述铸件浇注位置的概念。 2. 描述铸件分型面的概念。 3. 查阅 GB/T 5611—2017《铸造术语》中关于铸造缺陷部分"9 铸件质量"的内容	1. 查阅 JB/JQ 82001—1990《铸件质量分等通则》。 2. 查阅 JB/T 2435—2013《铸造工艺符号及表示方法》。 3. 了解"中国大学生机械工程创新创意大赛：铸造工艺设计赛"	54

序号	模块	任务	个人任务工单	团队任务工单	页码
9	模块三设计铸造工艺参数	任务一设计铸造工艺参数（一）	1. 描述铸件机械加工余量的概念。阐述确定铸件机械加工余量的步骤。 2. 描述铸件尺寸公差的概念。阐述确定铸件尺寸公差的步骤。 3. 描述铸件质量公差的概念。阐述确定铸件质量公差的步骤	1. 深入学习 JB/T 2435—2013《铸造工艺符号及表示方法》，练习使用红蓝铅笔绘制工艺符号。 2. 查阅 GB/T 6414—2017《铸件尺寸公差、几何公差与机械加工余量》，学习几何公差等级的确定方法。 3. 查阅 GB/T 11351—2017《铸件质量公差》。 4. 查阅 GB/T 1173—2013《铸造铝合金》、GB/T 8063—2017《铸造有色金属及其合金牌号表示方法》	67
10		任务二设计铸造工艺参数（二）	1. 描述铸件线收缩率的概念。阐述如何确定铸件线收缩率的大小。 2. 描述起模斜度的概念。阐述如何确定起模斜度的大小。 3. 描述芯头斜度的概念。阐述如何确定芯头斜度的大小	1. 学习 JB/T 5105—2022《铸件模样 起模斜度》全文。 2. 查阅 JB/T 13621—2018《铸造模技术条件》、JB/T 12645—2016《金属型铸造模技术条件》。 3. 学习 JB/T 5106—1991《铸件模样型芯头基本尺寸》全文	76
11		任务三设计铸造工艺参数（三）	1. 描述最小铸出孔和槽的概念。阐述如何确定铸件上的孔和槽是否铸出。 2. 描述铸筋的概念。阐述如何确定铸筋的位置和尺寸	1. 深入学习 GB/T 5611—2017《铸造术语》 2. 深入学习 JB/T 2435—2013《铸造工艺符号及表示方法》，用红蓝铅笔在零件图上绘制工艺符号。 3. 查阅 GB/T 9443—2019《铸钢铸铁件 渗透检测》的内容	85
12		任务四设计铸造工艺参数（四）	1. 阐述非加工壁厚的负余量的概念，以及如何确定非加工壁厚的负余量的大小。 2. 阐述反变形量的概念，以及如何确定反变形量的大小。 3. 阐述工艺补正量的概念，以及如何确定工艺补正量的大小。 4. 阐述分型负数的概念，以及如何确定分型负数的大小	1. 讨论：非加工壁厚的负余量、反变形量、工艺补正量、分型负数的大小是正数还是负数？用红蓝铅笔在工艺图上表达以上内容。 2. 查阅 GB/T 41972—2022《铸铁件铸造缺陷分类及命名》。 3. 讨论：铸造生产现场，若操作不当，可能产生哪些影响铸件质量（尺寸）的后果？ 4. 查阅铸造缺陷分析及防止类的论文	91
13		任务五设计铸造工艺参数（五）	1. 阐述浇注温度、出炉温度的概念，以及如何确定浇注温度、出炉温度。 2. 阐述落砂和松箱的概念，以及如何确定落砂和松箱的温度和/或时间	1. 查阅资料，在出炉前、浇注前，熔炼工部如何测量金属液温度？ 2. 熔炼生产中，一拖二中频感应炉是指什么？ 3. 查阅 GB/T 5612—2008《铸铁牌号表示方法》。 4. 查阅 GB 20905—2007《铸造机械 安全要求》	96

序号	模块	任务	个人任务工单	团队任务工单	页码
14	模块四 设计砂芯	任务一 砂芯分类和设计的基本原则	1. 砂芯设计包括哪些主要内容？ 2. 阐述砂芯如何分类。 3. 阐述砂芯设计的基本原则。 4. 简述砂芯的铸造工艺符号	1. 按砂芯复杂程度，砂芯分为几级？各自的特点和适用范围是什么？ 2. 砂芯设计时，采取哪些措施可以减少砂芯数量？ 3. 设置砂芯时，为什么要尽量使砂芯烘干支撑面是平面？如何实现？ 4. 查阅 GB/T 25138—2010《检定铸造粘结剂用标准砂》。 5. 用计算机绘图软件，绘制出图 4.6 阀壳的 $1^\#$ 砂芯（本体）二维图并标注	102
15		任务二 设计芯头（一）	1. 如何确定垂直芯头与芯座之间的间隙 S、芯头斜度 α？ 2. 如何确定垂直芯头的高度，即下芯头高度 h 和上芯头高度 h_1？ 3. 如何确定水平芯头的长度、斜度和间隙	1. 简述压环、防压环和集砂槽的概念。 2. 如何确定压环、防压环和集砂槽的尺寸？ 3. 查阅 T/CFA 0308053—2019《铸造企业清洁生产要求　导则》	114
16		任务三 设计芯头（二）	1. 砂芯定位的目的和意义是什么？ 2. 如何设计垂直芯头的定位装置？ 3. 如何设计水平芯头的定位装置	1. 砂芯固定的目的和意义是什么？ 2. 如何设计垂直芯头的固定装置？ 3. 如何设计水平芯头的固定装置？ 4. 查阅 T/CFA 0202012—2020《铸造砂型（芯）粘结剂喷射工艺用热硬化酚醛树脂》	120
17		任务四 设计芯头的工艺措施	1. 芯撑和芯骨的作用是什么？ 2. 如何为砂芯选用芯撑？ 3. 如何为砂芯选用芯骨	1. 排气装置的作用是什么？ 2. 如何设计砂芯的排气装置？ 3. 查阅 GB/T 1177—2018《铸造镁合金》	125

序号	模块	任务	个人任务工单	团队任务工单	页码
18	模块五设计浇注系统	任务一浇注系统设计准备（一）	1. 叙述浇注系统的定义。 2. 一个典型的浇注系统一般是由哪几部分组成的？各部分的主要作用是什么？ 3. 设计浇注系统应遵循哪些基本原则？ 4. 浇注系统的引入位置原则有哪些	1. 查阅 GB/T 11352—2009《一般工程用铸造碳钢件》。 2. 查阅 GB/T 14408—2014《一般工程与结构用低合金碳钢》	130
19		任务二浇注系统设计准备（二）	1. 按浇注系统各单元断面积分类，浇注系统分为哪几类？ 2. 简述按浇注系统各单元断面积分类的各类浇注系统，各自的适用范围	1. 按内浇道在铸件上的注入位置分类，浇注系统分为哪几类？ 2. 按内浇道在铸件上的注入位置分类的各类浇注系统，及各自的适用范围。 3. 查阅 GB/T 7216—2023《灰铸铁金相检验》。 4. 查阅 GB/T 9441—2021《球墨铸铁金相检验》	140
20		任务三设计灰铁浇注系统（一）	1. 用阻流截面设计法设计铸铁件浇注系统时，如何确定流量系数 μ？ 2. 用阻流截面设计法设计铸铁件浇注系统时，如何确定浇注时间	1. 用阻流截面设计法设计铸铁件浇注系统时，如何确定浇注质量 G_L？ 2. 用阻流截面设计法设计铸铁件浇注系统时，如何确定平均静压头 H_p？ 3. 查阅 GB/T 9437—2009《耐热铸铁件》	148
21		任务四设计灰铁浇注系统（二）	1. 阐述如何进行灰铸铁内浇道的设计。 2. 阐述如何进行灰铸铁横浇道的设计。 3. 阐述如何进行灰铸铁直浇道的设计	1. 简述灰铸铁浇注系统设计的步骤与方法。 2. 查阅 T/CFA 020209.1—2019《铸造用纸质浇道管、浇口杯》。 3. 查阅 T/CFA 010602.2.01—2018《铸铁第 1 部分：材料和性能设计》。 4. 查阅 T/CFA 0106023—2021《灰铸铁件焊补规范》	153
22		任务五设计铸钢件浇注系统	1. 阐述铸钢件浇注系统有哪些特点。 2. 阐述铸钢件浇注系统设计原则有哪些。 3. 设计铸钢件浇注系统的步骤	1. 如何确定并校核铸钢件的浇注时间？ 2. 如何确定钢件浇注系统各个组元的尺寸？ 3. 查阅 GB/T 5613—2014《铸钢牌号表示方法》。 4. 查阅 GB/T 5677—2018《铸件射线照相检测》。 5. 查阅 T/CFA 020101163—2021《大型齿圈铸钢件技术规范》	160

序号	模块	任务	个人任务工单	团队任务工单	页码
23	模块六设计冒口	任务一冒口的分类和设计原则	1. 冒口的主要作用是什么？ 2. 冒口设计的原则有哪些？ 3. 冒口有哪些种类	1. 各种形状的冒口各有何特点？ 2. 安放冒口时应遵循哪些原则？ 3. 如何确定热节圆的大小？ 4. 查阅 T/CFA 0308054.1—2019《铸造绿色工厂 第1部分：通用要求》	166
24		任务二铸钢件的冒口和补贴设计	1. 冒口补缩距离的概念是什么？ 2. 阐述模数的定义。 3. 球、圆柱体、长方体、薄板的模数分别如何计算	1. 铸钢件的冒口有哪几种计算方法？分别简述其要点。 2. 简述发热冒口的组成、加入量和添加的工艺措施。 3. 简述铸钢件补贴的设计要点。 4. 查阅 T/CFA 020202031—2021《球形大气压力冒口套》	175
25		任务三铸铁件冒口设计	1. 阐述铸铁件冒口设计的特点。 2. 用经验比例法设计铸铁件冒口时，如何划分铸件的结构？ 3. 简述铸铁件常用明顶冒口、明边冒口、暗边冒口的尺寸	1. 简述球墨铸铁件的冒口设计特点。 2. 简述球墨铸铁件常用明冒口、侧冒口、半球形冒口、环形冒口的尺寸。 3. 设计球墨铸铁无冒口工艺应满足哪些条件？ 4. 查阅 GB/T 1348—2009《球墨铸铁件》。 5. 查阅 T/CFA 031103.2—2018《铸铁感应电炉熔炼浇注单元通用技术要求》	181
26	模块七设计冷铁	任务一冷铁的作用与分类	1. 简述冷铁的作用。 2. 简述冷铁有几种分类方式，各有哪几种。 3. 简述冷铁的常用材料	1. 简述直接外冷铁分为哪两类，各有何特点。 2. 选用外冷铁有哪些注意事项？ 3. 设计外冷铁的位置有哪些原则？ 4. 查阅《GB/Z 28283—2012 热加工工艺仿真与模拟技术导则》。	187
27		任务二冷铁的设计计算	1. 简述铸钢件外冷铁的一般要求。 2. 简述铸钢件外冷铁的主要作用有哪几个。 3. 如何计算铸钢件外冷铁的质量。 4. 铸铁件外冷铁设计的要点。 5. 简述内冷铁的主要作用。 6. 设计铸钢件内冷铁的要点	1. 查阅 T/CFA 031103.4—2018《铸造工艺数字化设计通用要求》。 2. 查阅 T/CFA 031103.5—2018《铸造数字化工厂通用技术要求》。 3. 收集不同的铸造方法、不同的铸件材质的铸造工艺图。分析铸造工艺图一般包括哪些主要内容。 4. 收集不同的铸造方法、不同的铸件材质的铸造工艺卡。分析铸造工艺卡一般包括哪些主要内容	193

学习笔记

参 考 文 献

[1] 中国机械工程学会铸造分会. 铸造手册　第1卷　铸铁 [M]. 4版. 北京：机械工业出版社，2021.

[2] 中国机械工程学会铸造分会. 铸造手册　第2卷　铸钢 [M]. 4版. 北京：机械工业出版社，2021.

[3] 中国机械工程学会铸造分会. 铸造手册　第3卷　铸造非铁合金 [M]. 4版. 北京：机械工业出版社，2021.

[4] 中国机械工程学会铸造分会. 铸造手册　第4卷　造型材料 [M]. 4版. 北京：机械工业出版社，2021.

[5] 中国机械工程学会铸造分会. 铸造手册　第5卷　铸造工艺 [M]. 4版. 北京：机械工业出版社，2021.

[6] 中国机械工程学会铸造分会. 铸造手册　第6卷　特种铸造 [M]. 4版. 北京：机械工业出版社，2021.

[7] 曹瑜强. 铸造工艺及设备 [M]. 4版. 北京：机械工业出版社，2022.

[8] 李昂，吴密. 铸造工艺设计技术与生产质量控制实用手册 [M]. 北京：金版电子出版社，2003.

[9] 钱翰城. 铸件挽救工程及其应用 [M]. 北京：化学工业出版社，2011.

[10] 杜西灵，杜磊. 铸造实用技术问答 [M]. 北京：机械工业出版社，2007.

[11] 陈琦. 铸造质量检验手册 [M]. 北京：机械工业出版社，2006.

[12] 黄志光. 铸件内在缺陷分析与防止 [M]. 北京：机械工业出版社，2011.

[13] 陈国桢，肖柯则，姜不居. 铸件缺陷和对策手册 [M]. 北京：机械工业出版社，2008.

[14] 傅骏，谯攀，王兴芳，等. 逆向工程技术在创意工艺品铸造生产中的实践 [J]. 铸造技术，2018，39（03）：555－557.